宇宙の歴史

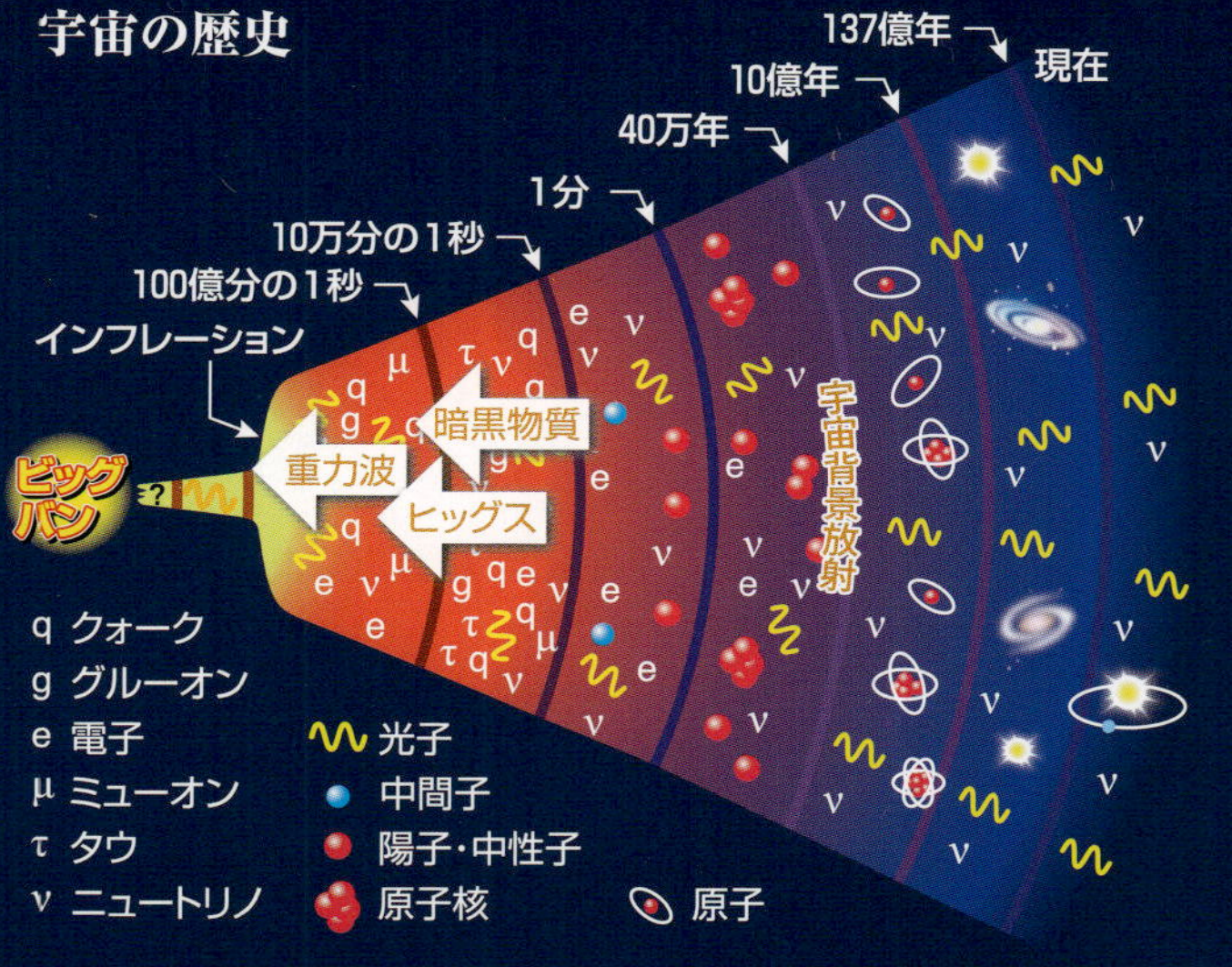

ローレンス・バークレイ国立研究所の資料を元に作製

ビッグバンで誕生した宇宙は、インフレーションで急激に膨張した。最初はクォークやグルーオンなどがバラバラに超高速で動き回っていたが、10万分の1秒後ぐらいになるとクォークがグルーオンの力でまとまり中間子や陽子ができた。3分後ぐらいには陽子と中性子がくっついてヘリウム原子核ができ、38万年後には原子核と電子が結合して原子ができた。すると、光子が遠くまで進めるようになり、それが「宇宙背景放射」として現在に届いている。

今後、暗黒物質の正体が解明されると、宇宙誕生から100億分の1秒後の様子がわかり、ヒッグスが解明されれば1兆分の1秒後、インフレーションからの重力波がキャッチできればインフレーションそのものの情報がわかる。

CERN

口絵1　陽子同士を衝突させたときに生まれるたくさんの粒子の軌跡。
（本文44ページ）

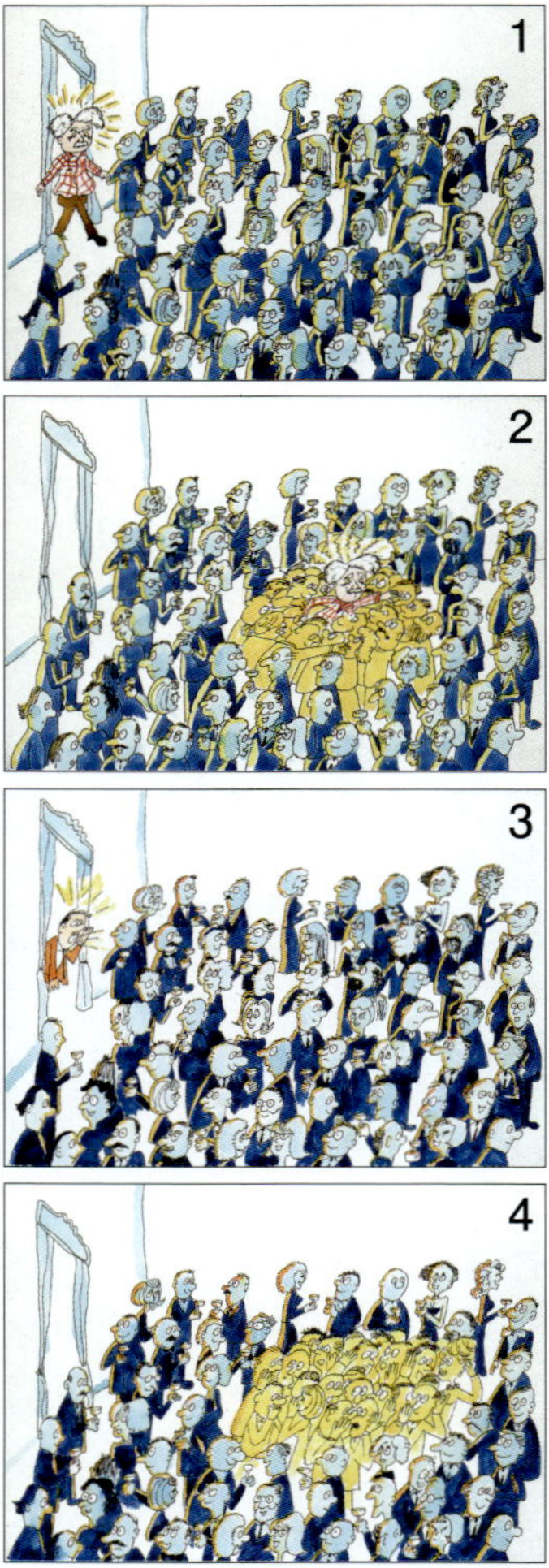

CERN

口絵2　ヒッグスとは何かを説明する漫画。大勢の客がいるパーティー会場にアインシュタインが入ってくると（1）、みんなが取り囲み、彼はなかなか前に進めなくなる（2）。つまり、アインシュタインの重さが重くなったことになる。これがヒッグス場が重さを与える仕組みだ。その次に、入り口で誰かが「アインシュタインが来るぞ」と叫ぶと（3）、本人は来ないのに人混みができる（4）。その人混みがヒッグス粒子である。

（本文57ページ）

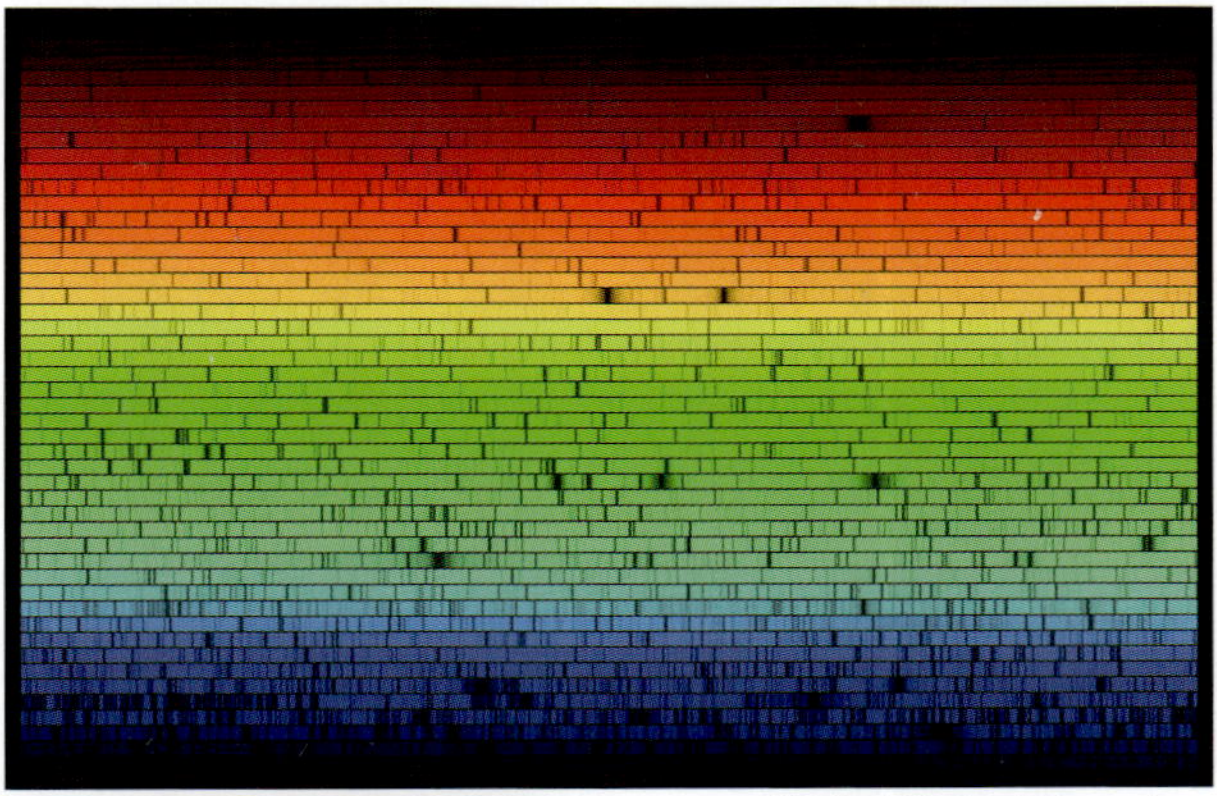

Kitt Peak National Observatory

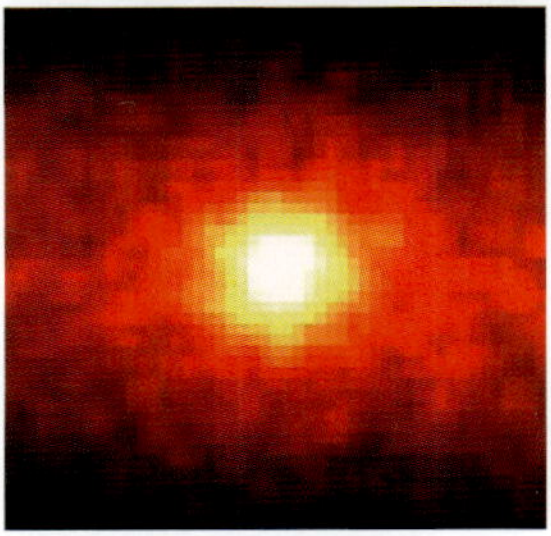

R.Svoboda, University of California, Davis
(Super-Kamiokande Collaboration)

↑口絵3　太陽の分光（部分）

太陽光の分光結果。本来は赤から青までー直線につながっているものを、同じ幅で切って並べた。黒い吸収線がいくつも見える。（本文166ページ）

←口絵4　太陽ニュートリノ

太陽からのニュートリノを５年間ためるとこういう写真になる。
（本文167ページ）

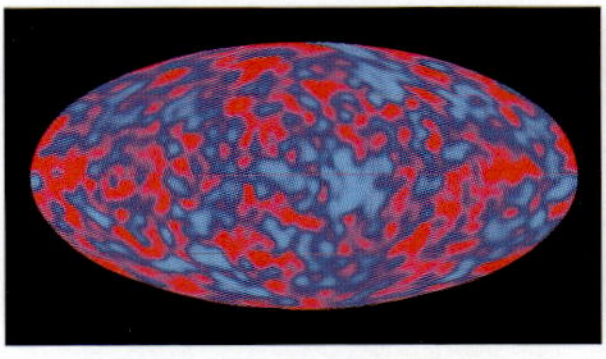

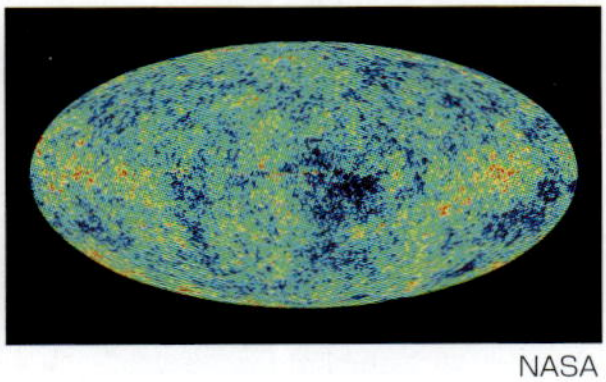

NASA

口絵5　宇宙背景放射のゆらぎをとらえたCOBE衛星の写真（左）と、その後にさらに性能をあげたWMAP衛星による写真（右）。（本文174ページ）

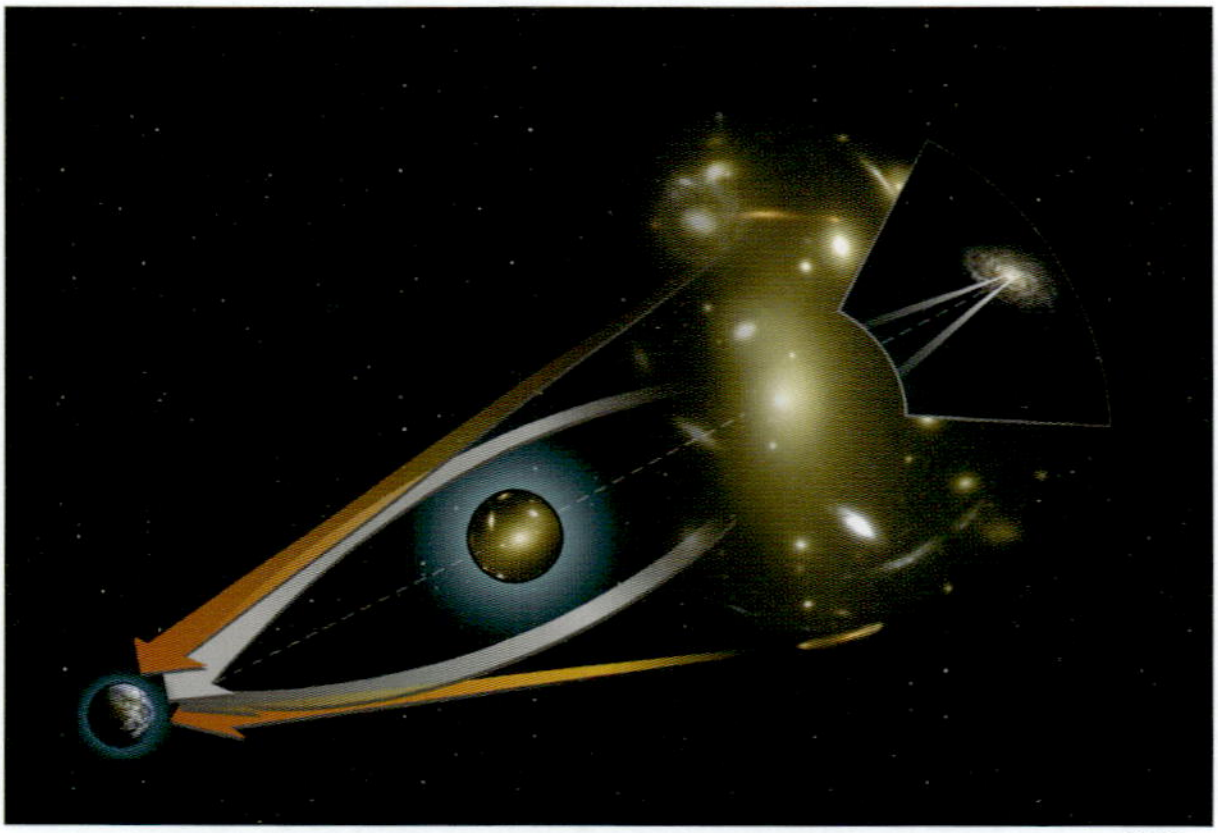

STScI

口絵6　重力レンズの仕組み。遠くの銀河がゆがんで見える(中央右上や右下など)のは、途中に強い重力が働くところがあり、そこで光が曲げられるためだ。　(本文181ページ)

X-ray: NASA/CXC/CfA/M.Markevitch et al.; Optical: NASA/STScI; Magellan/U.Arizona/D.Clowe et al.; Lensing Map: NASA/STScI; ESO WFI; Magellan/U.Arizona/D.Clowe et al.

口絵7　二つの銀河団の衝突。青い部分は暗黒物質、赤い部分は水素ガスのあるところ。　(本文184ページ)

朝日新書
Asahi Shinsho 400

村山さん、宇宙はどこまでわかったんですか？

ビッグバンからヒッグス粒子へ

村山　斉
朝日新聞編集委員
聞き手・高橋真理子

朝日新聞出版

まえがき

朝日新聞編集委員　高橋真理子

村山斉《ひとし》さんは格好いい。物理学者で、米国の名門大学の教授で、しかも東大にある「宇宙と数学を結びつけて研究する組織」の一番偉い人でもある。当然、日本と米国を行ったり来たり、いや、欧州からもしょっちゅう呼ばれて、世界を飛び回っている。東大で博士号をとって渡米した。すっかり米国スタイルを身につけて、普段はGパンにTシャツ。パッと見ると30代かと思ってしまうが、１９６４年生まれだから、もうすぐ50歳に手が届く。「若きプリンス」と呼ばれるけれど、もはや「プリンス」では失礼かもしれない。いや、そもそも「プリンス」というのは、彼を直接知らない人がつけた呼び名だろう。高貴で孤高なタイプではない。人付き合いが好きな明るい行動派。中学生も若き研究者も年かさの学者も、誰しもが惹き付けられてしまう吸引力と、組織を動かすリーダーシップを持つ。

ご家族が米国で暮らしているので、東大に専念してほしいという要請はきっぱり断っている。

朝日新聞で長く科学や医療の取材をしてきた私は、2011年4月から1年間、24時間放送のテレビチャンネル「朝日ニュースター」で科学トーク番組「科学朝日」の案内役を務めた。2012年が明けて最初の番組にゲストとして迎えたのが村山さんだった。

番組はこんなふうにスタートした。

高橋 村山さんは、東京大学国際高等研究所数物連携宇宙研究機構機構長という……

村山 すみません、長い名前で。

高橋 ええ(笑)、大変長い肩書を持つ研究者ですが、2007年にこの組織ができて、そのときに機構長として就任された。米国のカリフォルニア大学バークレー校の教授でいらして、そこからやってきたわけですよね。

村山 はい。

高橋 で、今も、バークレーの方もやっていらっしゃるんですね。

村山 ええ。今も兼任しています。

高橋　その当時、２００７年ですね、東大総長よりも給料が高いということで話題になりました。

村山　アメリカの大学は日本よりもずっと給料がいいので、現給保証ということでそうなってしまいました。でも実は、ドル建てなので、その後円高になってグーッと給料は下がってしまいましたけれども。

高橋　そうなんですか。じゃあ、今は総長よりは……

村山　低いと思います。

高橋　そうですか。村山さんが広く日本の方々に知られるきっかけになったのが、このご本ですね。『宇宙は何でできているのか　素粒子物理学で解く宇宙の謎』という新書です。これが科学書としては異例の売れ行きを見せた。結局何部ぐらい売れたんですか。

村山　出版社によると、19刷で27万8０００部発行したそうです。

高橋　この手の難しい本は、５万部超えてもすごいなと感じます。

村山　本人が一番びっくりしています。

高橋　この本の印税は、数物連携宇宙研究機構のほうに寄付されたんですね。

村山　はい。全部、出版社から直接東大に入るようになっていまして、私には１銭も入ってこない。大失敗です。

高橋　大失敗ですか。アハハ。

２０１１年は「光より速い粒子がある」という実験結果と、「ヒッグス粒子の兆候あり」という報告が発表された年だ。そういうニュースを聞いても「だからどうしたの？」と受け止める多くの人たちを代表するつもりで、私は次々と質問をぶつけた。村山さんはいろいろな譬《たと》えを使いながら、できる限りわかりやすく、でも誤魔化さずに答えてくださった。

視聴者からは「面白かった」という声が届いた。そして、この番組を見た編集者の発案で、改めて村山さんと対談してまとめたのがこの本である。

番組収録時に19刷だった『宇宙は何でできているのか』は最新のデータによると27刷31万7０００部である。２０１０年秋に出て、爆発的な売れ行きで注目された新刊は、今や息長く売れ続けるロングセラーになった。それを読んだ方も、読んでいない方も、楽しんでいただけるように心を尽くした。

物理学の最先端は今、大変な勢いで動いている。振り返れば、20世紀の初めにも物理学は大変革を経験した。物理学者たちが「そんなバカな」「ありえない」と思う事実が次々と出てきて、ついに相対論と量子力学が生まれた。それらが示す世界観は、物理学者ばかりかすべての人々の認識を根底からひっくり返した。そして、次の世紀の変わり目に、同じように物理学者たちが「そんなバカな」「ありえない」という事実が次々と出てきている。宇宙は、20世紀まで考えていた宇宙とは全然違うものだった。だが、革命はまだ訪れていない。

何が、どこまで、どのようにわかったのか。そして、何がわからないのか。ビッグバンからヒッグス粒子まで、村山さんには存分に話を聞かせていただいた。ここでガリレオ・ガリレイの『天文対話』を持ち出すのは何とも畏れ多いが、科学の面白さは対話の中にあるというのは、昔も今も変わらない真実だと思う。解説を読んでもヒッグス粒子が何なのか、どうにもピンと来ないでいたのが、手を替え品を替え質問を続けると、「ああ、そうか」と合点がいく瞬間が訪れる。少なくとも私にはそういう瞬間が訪れた。その楽しさを皆さんと共有できたらうれしい。

村山さん、宇宙はどこまでわかったんですか？

ビッグバンからヒッグス粒子へ

目次

図製作　鳥元真生
朝日新聞社

序章

地上最大の実験装置

宇宙をさぐる二つの方法

——マスコミを騒がせた「光より速い粒子」も、「ヒッグス粒子」も、発信源はセルンというスイスとフランスの国境にある物理学の研究所です。新聞では欧州合同原子核研究機関（CERN）と書きます。これ、フランス語の頭文字を取ってセルンと呼ぶんですね。欧州各国がお金を出し合って、原子核の研究のために造ったところというわけですけれど、実際には原子核よりもさらに小さい素粒子が主な研究対象です。ここに『朝日新聞』で使った図があります（**図1**）。この鉄道線は山手線を表しています。日本で一番大きい加速器というのは、茨城県つくば市にあるKEKB（ケックビー）です。これが直径約1キロ。直径1キロということは、円周は1掛ける3・14だから約3キロというわけですけれども、その次の丸が、アメリカの加速器。これがアメリカでは一番大きいんですかね。

村山　そうです。

——テバトロンという名前で、イリノイ州にあるんだそうです。シカゴがある州ですね。そこが周囲6キロです。だから直径2キロということになりますね。それに対して、この一番大きい円がLHC（ラージ・ハドロン・コライダー）、セルンの加速器です。1周約27

キロ。ずば抜けて大きいのがこれを見るとよくわかります。

村山　ええ。巨大ですね。

――なんでこんなに大きいものを造らなければならなかったのか。

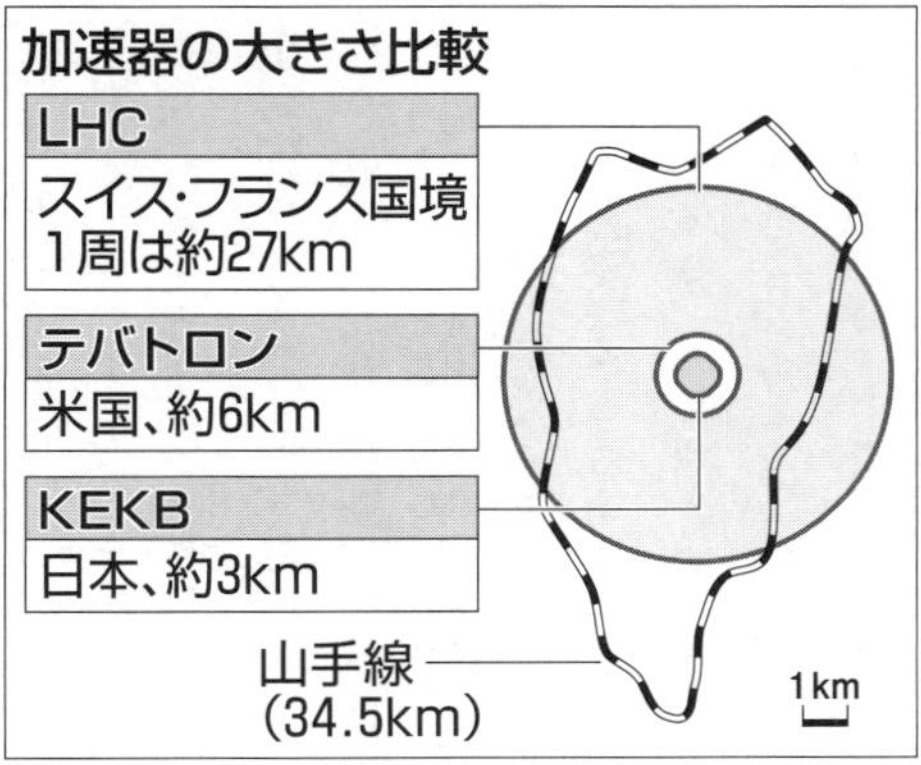

図1

村山　加速器の実験の目的というのは、宇宙の始まりをなんとか実験室の中で再現することなんです。宇宙の初めっていったい何が起こったんだろうか。宇宙の始まりはビッグバンですから、ものすごいエネルギーがあった。そういうものすごいエネルギーで起きていた反応というのを実験室の中でもう一遍再現する。それを調べることで宇宙の始まりを知っていきたいわけです。ですから、粒子を加速してものすごいエネルギーでドカンとぶつけたい。

――加速させるには、電圧をかけるんですよね。電圧がかかっている場所では、電気を帯びた粒子は加速されます。

村山　ええ、上手に電圧をかけてやると、グルグル回りながらぐんぐん加速します。ところが、トンネルの中を回すとトンネルに沿って曲げてやらないといけない。これは磁石の力で曲げるのですが、ものすごいエネルギーを持っている粒子というのは、簡単に曲がってくれない。今の技術で作れる磁石では、小さなトンネルの中を回れるようにできないんです。ある程度トンネルの直径を大きくしておけば、少しずつ曲げながらグルグル回れますから、それでなんとか高いエネルギーの粒子で実験ができる。それで、こういう大きな装置が必要になっちゃうんです。

――　つまり、エネルギーが小さいときは小さい円形加速器で何とかなるけれど、エネルギーが大きくなるとなるべく曲げないで済むように大きな加速器が必要になる。小柴昌俊先生は、岐阜県神岡鉱山にあるカミオカンデという装置を使った実験でノーベル賞をもらいました。同じ素粒子実験ですが、カミオカンデはこういうタイプとは違いますね。

村山　カミオカンデは加速器とは全く違う発想で作られた実験装置です。宇宙を探る方法には二つあるんです。できるだけ高いエネルギーを作ってビッグバンを再現しようというのが一つの方法。もう一つは、今の宇宙ではほとんど起きないような反応を、じっと我慢して待てばなんとか起きてくれるんじゃないか、と待つ方法。そもそもカミオカンデは、「もしかしたら陽子が壊れるかもしれない、その瞬間をつかまえてやろう」とつくられた装置です。陽子の崩壊って、宇宙の年齢の137億年よりもずっと長い10の34乗年に1遍しか起きないような反応なんです。

――ええっと、137億年というのは、億は10の8乗だから、せいぜい10の10乗年ほど。10の34乗年と比べると、はるかにはるかに短い。

村山 そうなんです。でも、こういう現象は確率的に起きるので、めったに起きない現象でもたまたま待っているこの瞬間に起きる可能性もある。ほんの小さな可能性なわけですが、10の34乗個の陽子を集めておけば一年に一遍くらいの確率で起きるので、それをひたすら待つ。じっと待って探すやり方か、とにかく無理やりやって作ってしまおうというやり方か。よくいうのは、ホトトギスが鳴くまで待つ徳川家康的なやり方がカミオカンデ的なやり方。それから、豊臣秀吉的に鳴かせてみようというのが加速器実験。そんな感じです。

――信長はいないんですか（笑）。

村山 殺してしまえというのはちょっと。殺してしまっては元も子もないと思うので

（笑）。

——確かにね。これは２００８年10月13日付の『朝日新聞』の記事ですけれども、左のほうにセルンの絵が描いてありますね（図２）。丸いリングは地下にあるんですね。

村山　ええ。地下です。

——上のほうは山ですね。

村山　ジュラ山脈というのがつながっています。

——ジュラシック・パークの「ジュラ」ですね。ジュラ山脈に広がる地層は恐竜が活躍した時代のものなので、その時代をジュラ紀と呼ぶんですよね。そのジュラ山脈の下にあるリングの中がどうなっているかというと、トンネルがずっとあって、その中に土管みたいなものがグルッと回っていて、この土管の中で素粒子がものすごいスピードで回っている（**20ページの写真1**）。

村山　はい。これはみんなものすごいハイテクの機械なんです。それが27キロにわたってダアッと敷き詰められている。あまりに大きいので、トンネルが曲がっているのは、ほとんど気が付かないぐらいじゃないですか。よーく見るとわかりますけれども。

——この写真では真っすぐに見えますね。

欧州の大型加速器LHCでの「粒子探し」
ドイツ
パリ
レマン湖
スイス
フランス
ジュネーブ
イタリア
レマン湖
ジュネーブ
LHCb
ALICE
N
1周約27km、地下約100mに建設
LHCのトンネルの内部
ATLAS粒子検出器（日本も参加）
陽子同士を光速近くまで
加速して正面衝突させる
実験に参加の日本人チーム
CMS粒子検出器
陽子
衝突
陽子
ヒッグス粒子の発生が起きる
確率は100億分の1ぐらい
そこで「粒子の狩人」たちは
壮大な絞り込みを行う
（CERNなど提供）
① まず、トリガーシステムによる
絞り込みで10万分の1に……
② さらに、データ解析による
絞り込みで10万分の1に……
ATLASのミューオントリガー検出器
（日本開発）
CERNにあるスーパーコンピューター
ヒッグス粒子が見つかった!!!
（シミュレーション）
回数
0
10
20
30
40
50
200
250
300
350
400
（GeV）
エネルギー

図2

写真1　セルンの加速器（CERN提供）

村山　ええ。それぐらい大きいというのもこれで少しわかるんじゃないかと思います。

――この土管の中は真空になっているんですか。

村山　真空になってますね。しかも、液体ヘリウムの温度まで下げているのでものすごく冷たいです。

――液体ヘリウムはこの世で一番冷たい液体ですね。絶対温度4度、摂氏でいうとマイナス269度です。こんなに大きな加速器はセルンにしかないわけですが、もっと小さい加速器というのは医療にも使われているんですよね。

村山　はい。

――加速した粒子をがん細胞にぶつけるというような使い方ですね。

村山　はい。日本にも何千台もあるんです。

――何千台もありますか。

村山　ええ。

――そうですか。セルンのＬＨＣは、何と何を加速しているんでしたっけ。

村山　この実験の場合には、陽子。水素の一番真ん中にある原子核が陽子なんですけれども、その陽子を右回りと左回りの両方向で加速して正面衝突させるという、そういう実験です。

――両方とも陽子なんですね。

村山　両方とも陽子です。

――グルッと回すためには磁石の力を借りるんですよね。

村山　そうですね。

――違う方向に走らせるのは。

村山　それは実は難しいんです。

――そうですよね。電気を帯びた粒子が走るということは、電流があるということです。磁石を持ってくると電流が曲げられるんですが、曲がる方向は磁場の向きと電流の方向で決まっている。陽子が逆向きに走るなら、電流も逆向きになり、曲がる方向も逆になる。

村山　ええ。真っすぐ正面の方向に走っている陽子と反対からやってきた陽子を普通に同じ磁石で曲げると反対方向にいっちゃう。ですから、これはものすごく工夫してやっている。磁石を使うんですけれども、N極とS極があったら、右側と左側でそれぞれ反対向きの磁石の力がかかってる。だから、左側から正面に行く陽子は右側の磁石で右に曲がる。右側から来る陽子は左側の磁石で、やっぱり右側に曲がるという非常に凝ったことをやってます。

――はあ。そうなんですか。何がどうなっているのかうまくイメージできませんが、要するに反対方向に走る陽子を曲げるために凝ったことをやっていることはわかりました。ぶつけるときはどうするんですか。走ってるときは、二つは別の道を走ってるわけですよね。

村山 別の管の中を走ってるわけです。

――そうですよね。ぶつけるときはどうするんですか。

村山 そもそも粒子がやってきても、ものすごく小さい粒ですから、そのままではスカスカッといってしまってぶつかってくれないわけです。なんとかぶつけようと思うと、粒子の集団をギュ－ッと絞ります。できるだけ絞る。できるだけ絞ったやつを、また磁石の力でコントロールして、ちゃんと正面衝突するようにするんです。

――ふーん。

村山　とはいっても、やっぱり小さい粒々の集まりですから、ぶつかるのはなかなか難しいです。

――ええ、そうでしょうね。

村山　ぶつける束の中に、だいたい1000億個ぐらいの陽子が入ってるんですけれども、それをギューッと絞る。両側から1000億個やってきてぶつけようとしても、当たるのはその中の10個ぐらいです。

――1000個中の10個じゃなくて、1000億個中の10個ですか。

村山　10個ぐらいが当たってくれる。

――はあー。でも、その10個を当てるだけのためにも相当いろいろなハイテクを使わないとできないということですね。

村山　そうです。そうやって、500兆回ぐらい起きた衝突の中から、数十個のヒッグスを探してきた。本当に、とんでもない実験です。よくこんなことができるもんだと感心します。

――500兆回のうち数十個と言われても、ピンと来ないですが、日本の国家予算が約

「質量の起源探し」開始

【ワシントン＝勝田敏彦】宇宙誕生の「ビッグバン」直後の高温・高密度状態を再現する世界最大・最強の粒子加速器LHCで30日午後、衝突エネルギー7兆電子ボルトの陽子衝突実験に初めて成功し、物理的な観測データ採取に入った。

日本も製作に加わった粒子検出器ATLAS。LHCが建設された地下トンネルにある＝CERN提供

世界最大 欧の粒子加速器で実験

運営する欧州合同原子核研究機関（CERN）が同日、発表した。

このエネルギーでの実験はLHCの初期の大目標で、質量の起源とされる「ヒッグス粒子」や正体不明の暗黒物質の候補粒子探しなどが始まった。発見されればノーベル賞級の成果となる。

スイス・フランス国境にあるLHCは2009年11月の運転再開以来、陽子のエネルギーを上げながら性能の確認を続けてきた。この日の衝突エネルギーは米の加速器テバトロンが01年に作った世界記録の約3・5倍。今後、7兆電子ボルトでの実験を2年ほど続け、約1年かけて改良工事をしたあと、13年ごろ最終目標の14兆電子ボルトでの実験に入る。

写真2　2010年3月31日付朝日新聞

80兆円。そこから各省庁、各部局に潜んでいる1円の使途不明金を数十件探し出すと考えると、相当大変そうですね。500兆は80兆よりもっと大きいし（笑）。この実験が始まったのが2010年3月ですか。「ヒッグス粒子探しを始めます」という新聞記事が出たのが3月31日です。このときの見出しは「『質量の起源探し』開始」となっています（**写真2**）。

当時は、ヒッグス粒子といっても誰もわからないだろうという判断があって、こういう見出しになった。「質量の起源探し」といったところで、何だかよくわからないのは同じなんですけどね。でも、ヒッグス粒子と言われたら、それに輪をかけてわからなかった。それが短期間で、ヒッグス粒子の

名前だけは誰もが知るようになった。まるで、無名だったスポーツ選手がオリンピックでメダルをとった途端に有名になったみたいです。

第1章
ヒッグス粒子に迫る

2012年7月4日

――セルン（欧州合同原子核研究機関）は2012年7月4日にヒッグス粒子の発見について記者発表をしました。事前に発表日程も公開されて、世界中の記者と研究者が固唾《かたず》をのんで発表の瞬間を待つ一大イベントになりました。このとき、村山さんは米国カリフォルニア州のバークレーにいらっしゃったんですね？

村山 バークレーにいました、はい。

――真夜中でした。

村山 ええ、真夜中12時にインターネットの生中継が始まったんですけれど、やっぱり仲間とこの瞬間を共有したいというので、自宅と柏市のIPMU（東大カブリ数物連携宇宙研究機構）をビデオ会議システムでつないで、みんなで一緒にセルンからの中継を見ました。

――ご自宅にビデオ会議システムがあるんですか？

村山 ええ。

――ご自宅からは村山さんおひとり？

村山 そうです。IPMUには100人からの研究者が集まった。この研究所には物理学者だけじゃなくて、数学の人とか天文の人とかもいます。そういう人たちは「ヒッグスって何?」っていう感じなので、セルンの発表が始まる前にまず私がこれはどんなに歴史的に大きな出来事か20分ぐらい解説したんですね。

——IPMUの研究者でも「ヒッグスって何?」という人が多いと聞くと、ぐっと親近感がわきますね。

村山　そこがこの研究所のいいところなんですよ。専門の違う研究者が集まっているというところがね。それで私が解説して、みんなそれを聞いた上で、じゃあ、これから本番、いよいよ発表ですねとなった。もちろん私が解説するときには、これが発見ということになるとは知らなかったので、最終的に3シグマでしょうか、5シグマでしょうか、ここら辺をよく見ましょうというようなことを言ったわけなんです。

——そこ、3シグマ、5シグマを解説しましょう(笑)。そのシグマとは何でございましょうか。

村山　たとえは悪いんですけど、偏差値です。

——偏差値。模擬試験でお馴染みですね。テストで80点をとっても、この点数だけではよくできたのかできなかったかは判断できない。他の人が90点以上ばっかりだったら、

「自分はよくできなかった」ということになるし、みんなが70点以下だったら「すごくよくできた」ということになる。それで、一緒にテストを受けた人たちの中で自分がどのくらいの順位にいるのかを数字で示すのが偏差値ですね。全体の真ん中の順位の人の偏差値は50。偏差値50以上は上半分に入っているということで、50未満は下半分に入っている。模試で偏差値が40台だと、50を超すのが目標になるんだけど、自分ががんばっても他の人もがんばったら50はなかなか超せないわけで、偏差値にはいい思い出を持っていない人が多い。

村山　だから「たとえは悪い」と言ったんです。1シグマというのは偏差値で10にあたる。

――シグマというのは、もとはといえば、ギリシア文字の一つで、アルファベットではs（エス）に当たるものですね。統計学ではσ（シグマ）という小文字を使って「標準偏差」を表す。

村山　はい。標準偏差の説明をしだすとちょっと大変なので、1シグマは偏差値10にあたると覚えていただければいいと思います。それで、3シグマは偏差値80（30＋50）になるわけですから、模試だったらそんな人はほとんどいない。それでも確実じゃないというのが物理の世界で、5シグマないと……

――ちょっと話が見えにくい。新しい粒子を発見するとはどういうことかの解説が必要です。

村山　はい、そうですね。LHCでは、陽子と陽子をぶつけて実験するわけですけれども、陽子というのは、それ以上分けられない素粒子ではなくて、クォーク三つが詰まった、いってみればお饅頭みたいなものなんです。お饅頭同士をビシャッとぶつけると皮が破れて中のあんこがビシャビシャビシャビシャッと出てきますよね。そのビシャビシャビシャッと出てきたもの同士がぶつかっている。そのうちのどこかで新粒子が生まれているはずだと仮定して探すわけですが、昔から知っている粒子ものすごくたくさん生まれている。そういう邪魔なものがたくさんある中で欲しいものを探すので、よく、干し草の山の中から針1本探すというようなことを言います。ですから、見つけたものが、そういう邪魔なものを間違ってそう思ってしまったのか、本当にそれを見つけたのか、それを区別するのはなかなか難しいわけなんです。

――それは難しいでしょうね。でも、干し草の中から針を見つけたら、その瞬間に「あったぞ！」と叫びます。干し草と針は明らかに違うもので、見た瞬間に誰でもわかりますから。

村山　でも干し草にもいろんな種類があったらどうでしょうか。一見針みたいに見えてしまうことがあると思います。しかも人間の目で一つ一つ見ていけるような量のデータではないので、コンピューターの判断に任せると「これは針だ！」という答えもたまには出てしまうでしょう。

――ああ、そうか。人間が干し草の山を探すときは視覚だけでなく触覚も使うから、針と草の違いがすぐわかるけれど、触ることができなくて見るだけだったら、確かに区別は難しいかもしれない。

村山　それで、どうしても確率で判断することになります。新粒子である確率が90％、昔からある粒子である確率が10％、というぐらいだと、誰が見たってまだ信用できませんよね。一般の人は、「99％確実で」といったら、「これはもう本当だね」と思うでしょうが、物理学者はその程度では許さない。99・999％ぐらいまでいってはじめて、「ああ、それなら本当かな」というふうにみんな納得してくれる。つまり、粒子を見間違えている確率がどれくらい小さいか、が問題になる。その小ささの程度を表すのが最初に言った偏差値ということです。偏差値は50を中心に真ん中近辺だといくらでもありえることですが、60、70、80と増えていけば、どんどん「めったにないこと」になる。

――シグマ3というのは、80とも言えるし、20とも言える。

村山　そうですね。

――偏差値20の成績もなかなか取れない（笑）。点数は0点だったのに偏差値は30だったなんてこともありますよ。そういうときは、偏差値の方が高かったたって喜んだりして（笑）。

村山　テストの場合は0点から100点までと範囲が決まっているから、偏差値の範囲もある程度限定されますが、自然現象だといくらでも「めったにないこと」が起こりうる。5シグマというと、偏差値100だというわけなので、そんなことは絶対ないだろうというぐらい確率が低い。物理の世界では、それぐらい、ほとんどありえないぐらいまで間違いの確率を低く要求しましょうというのが業界標準なんです。

――2011年4月にヒッグス粒子が見つかったという噂が世界を駆け巡って、セルンがそれを否定したという「事件」がありましたが、あのときはシグマがまだ足りないという話だったんですね。

村山　ええ。結果的には、このとき見つかったといわれた粒子は、今回確認されたものと同じでした。でも、シグマが足りなかったので、発見とはいえなかった。もっと昔の話ですが、セルンの別の実験で3シグマ弱出たことがあったんです。そのときも「ヒッグス発見か」と色めき立ったんですが、これは今回見つかった粒子とは重さが違った。

――つまり、ヒッグスではなかった。

村山 そう、間違っていた。だから、「発見」というには5シグマは必要だとみんな考えているわけです。

――それで、今回のセルンの発表では、5シグマあった。

村山 そうなんです。それでびっくりした。ともかくこんなに素晴らしい、信頼性のある信号がこの段階に出るとは思ってなかった。

――どんな発表だと予想していたんですか。

村山 前回、2011年12月に発表したときは3シグマ弱だったので、そうですね、4シグマは行くかもしれないけど5にはならないだろう、そんな感じの印象を持っていました。

――7月4日の段階で新粒子発見という決着がついたというところが驚きなんですね。

村山 それはやっぱり感激しましたね。涙が出ましたよ。

――涙が出たんですか。

村山 ええ、涙が出ましたよ。

―― 本当に。

村山 ええ。やっぱりすごい歴史の重みってあるじゃないですか。そもそも英国エジンバラ大学の物理学者ピーター・ヒッグスさんがそんなことを言ったのは1960年代で、かれこれ50年前。LHC実験をやろうという構想は、これ、もう30年前ですよ。実験装置を組み上げ始めたのが10年以上前。その間、何千人もの人がかかわってきてここまで来たという、そういう歴史的な重みもあります。

それからやっぱり科学の歴史という立場からしても、これは本当にすごいことだと思うんですね。例えば自然界に四つの力があるとよく言うじゃないですか。重力と電気・磁気の力と、それから強い力、弱い力。

―― 重力と電磁気力は皆さんよくご存じでしょうが、残りの二つは馴染みが薄いかもしれません。でも、原子レベルのミクロの世界では、この二つが大手を振って登場する。重力や電磁気力はそこでは首を引っ込めている感じですね。

村山 はい、その四つの力を理解するというのは、それはもうそれぞれ大変なことでした。重力はそれこそニュートンが17世紀に言ってからアインシュタインまで、実はよくわかってなかったんですよね。今でもよくわからないところはありますけど。とにかく研究されるようになってから理解できるまで300年ぐらいたっている。

電磁気の力もずっと歴史があったんだけれど、やっとマクスウェルの理論ができたのが19世紀の終わりで、それが量子電磁気学として完成したのは朝永《ともなが》理論ですから、もう1950年代。

――「くりこみ理論」ですね。朝永振一郎先生はこの理論を作り上げた業績で1965年にノーベル賞を受けたのでした。電気と磁気って、小学校では別々のものとして習いますから、何で「電気・磁気の力」を一つと数えるのか納得いかないかもしれませんが、実は電気と磁気は密接不可分につながっていて分けられないんですね。その密接不可分なつながり具合を方程式で鮮やかに表したのが、19世紀のイギリスの理論物理学者ジェームズ・クラーク・マクスウェルです。ニュートンほど有名ではありませんが、ニュートンに勝るとも劣らない天才ですよね。非常に幅広い業績を残していますが、その中でも燦然《さんぜん》と輝くのが、方程式四つで電磁場の全体像を記述する「マクスウェルの方程式」です。

ところが、それをミクロの世界で使おうとしたら、これがうまくいかなかった。ミクロの世界を支配するのは、古典力学ではなくて量子力学と呼ばれる体系だと20世紀に入ってからわかったわけですが、そこでマクスウェルの方程式を使おうとすると答えが無限大になってしまって用をなさない。そこを、朝永さんが見事に解決したのでした。それで、電磁気学と量子力学がくっついて量子電磁気学ができた。

村山　だから、マクスウェル理論の登場から量子電磁気学の完成まで、これも少なくとも50年たっている。強い力は湯川理論が30年代で、わかったというのはせいぜい80年代。

――　湯川秀樹先生のことは読者の皆さんもご存じだとは思いますが、敗戦後まもない1949年に日本人で初めてノーベル賞を受けた方。日本では戦争中も最先端の理論研究がなされていたのだと世界を驚かせました。湯川さんは、原子核はプラスの電気を帯びた陽子と電気を帯びていない中性子しかないのに、なぜバラバラにならないのか、と考えて、陽子同士や陽子と中性子を結び付ける力があるはずだという理論を出した。これが中間子論と呼ばれています。

村山　当時は中間子論と呼ばれましたが、今の言葉でいえば「強い力」の存在を見つけたということになります。そして、その仕組みがわかったといえるまでに、これもかれこれ50年。「弱い力」はまだ十分にはわかっていない。たぶん、まだわかるまでの50年の真ん中ぐらいですね。

こうした歴史を見てもわかるように、物理学のマイルストーンというのは1世紀に2回あるかないか、です。そういう瞬間に自分が立ち会えたというのは、それはもう本当に研究者冥利に尽きるというか。この時代に生きていてよかったなという、それぐらいすごく重い感じがします。

――今回の発表ですが、ヒッグス粒子が見つかったとは言わなかったんですよね。

村山 ええ。

――ヒッグス粒子と見られる粒子（笑）。

村山 難しいです。

――新聞は見出しに困ったんですよね。結局、見出しは「ヒッグス粒子か、発見」（笑）。こんな見出しありますか、今まで。

村山 しかもそれも一面トップですからね（笑）。

――これはやっぱり「か」は外せなかったんですか。

村山 外せないと思いますね。その理由を、ちょっと掘り下げて説明しましょう。ヒッグス粒子と言ったときに普通みんなが言っているのは標準模型で予言されている粒子を指して言っているわけです。

――出ました、「標準模型」。この単語、何とかならないかと記事を書くときにいつも思っていました。模型と聞けば普通はプラモデルのようなものを思い浮かべますが、物理学で言う標準模型とは、「みんなが正しいと認めている理論」のことですね。

村山　はい、そうです。60年代からみんなが綿々とつくってきた理論のことです。その理論で予言されている粒子を指してヒッグス粒子と言っているわけなんですが、でも、別の言い方をするとヒッグス粒子は実は固有名詞ではなくて一般名詞でもあるんです。いろいろな形で対称性を壊して、力を短距離にして、ものに質量を与える粒子というのを一般的にヒッグス粒子とも言うんです。

――え、急に話が難しくなった。

村山　ヒッグス粒子については後で詳しく説明するとして、ここでのポイントは、Ｔｈｅヒッグス粒子なのか、Ａヒッグス粒子なのかということです。今度見つかったやつは、その標準模型のものなのか。そうだとすると、Ｔｈｅヒッグス粒子です。これしかない。ところが、実は標準模型というのはある意味であまり立派な存在とは思われてなくて、取りあえず今まで行ってきた実験のデータを全部まとめて、いわば整理箱のように作ってみると、一番簡単な模型がこれでしたというような存在なんです。ほとんどの研究者は標準模型のことが、実は大嫌いで、「何かこれ、おかしい」と思っているんですよ。おかしいとしたら標準模型じゃなくてもっと違うもの、よく出てくるのは超対称性理論であるとか、それから異次元がある理論であるとかですが、そっちの方がむしろ本当だと思っている人が結構いる。そうだとすると、そこから出てくるヒッグス粒子はもっとたくさんあったりするわけなんです。そのうちの一つが見つかったのであれば、Aヒッグス粒子になる。

標準模型のTheヒッグス粒子が見つかったのか、もしかしたらもうちょっと広い範囲でいくつかいろいろな候補があって、その中のAヒッグス粒子が見つかったのか、それはまだ確認できていませんよというのがこの「か」というのに込められている意味なわけです。

――さきほどから話題になったシグマで言うと、もうそれは……

村山　発見と見ています。

――発見なんですね。そこは「か」は取っちゃっていい。だから新粒子は発見したわけです。だけれども、それが皆が考えてきたヒッグス粒子かどうかのところに、ちょっと何ともまだ言えないところが残っている。

村山　例えば、今のままだとまだ「えっ」と思うところもいくつかあるんですよ。実は、今回の発見で私がびっくりしたのは、本当に標準模型というのを信じたとしますね。だとすると、現在の段階でこれだけデータがたまったから、これだけ信号が出るはずだと計算できるわけですよ。その計算では5シグマにならないんです。

――そうなんですか。

村山　出過ぎているんです。

――えっ、どういうこと？

村山　信号が思ったより多いんです。多いと言っても数十パーセントとかいう話なので、標準模型が間違っていたといえるほどの話ではないんですけれども、思ったよりも信号がたくさん出ていたので、今の段階で発見になってしまった。

――どういうことですか。

村山　それはもしかすると単に確率のいたずらで、たまたまルーレットで当たってしまうことがあるわけじゃないですか。たまたま実験して、毎回、たまたま出ることと出ないことがあるわけなので、やってみたらなぜかちょっとたくさん出たね、ということなのかもしれない。だけど、もしかするとこれはその標準模型じゃなくてもっとほかの理論の予言の方に合っているかもしれない。そういう論文が今ごまんと出ています。極端な言い方をする人は「なりすましか」と言うんですよね。これはヒッグス粒子のなりすましかもしれない。

――ヒッグス粒子になりすました別の粒子。面白い。だから、「か」がとれないんですね。でも、そもそも何でこれがヒッグス粒子だろうと皆が思っているのですか？

村山 それはさっきの標準模型を使うと、ヒッグス粒子があるとしたら重さはここからここまでの範囲でなきゃ困ると計算できて、その範囲の中にきちんと収まっているからです。

――ヒッグス粒子は1960年代から探しているんですよね？

村山 そうですね。ヒッグスさんが言い出してから、ずっと探してきました。

――今まで見つからなかったのは、その重さに当たるエネルギーを出せる大きな加速器を造ることができなかったからということなんですか。

村山 そうです。

――1960年代からそれぐらいの重さだと思ってたんですか。

村山 いや、1960年代のころは全く見当が付きませんでしたから、とにかく軽いところから順番に探していくわけです。その当時あった加速器で、取りあえず軽いところから順番に探していったわけなんですけど、これをやっても見つからない、ここまでいっても見つからない、とLHCまできた。

——軽い領域にはほかの粒子もいろいろあるわけですよね。それとヒッグスをどうやって見分けるんですか。

村山　全く性質が違うんです。ヒッグス粒子というのは、今まで見たこともないような特別な粒子なんです。今まで見たことのある粒子、例えば、光は粒々で飛んでくるわけなんですけれども、光の粒というのは、実はクルクル回って飛んでくる。スピンといいます。光の場合にはそのスピンの大きさが1だというふうにいうわけです。それから、私たちの体にある電子の場合には、やはりこれも回りながら飛んでるんですけれども、光の回り方の半分、2分の1だというふうにいっています。今まで見つかったどの素粒子を見てもなんらかの方法で回ってるんですね、クルクルクルクルクルと。永遠に回り続けてる。ヒッグスに限っては、全く回らない粒子、こういうのは見たことないんですよ。だから、新しい粒子が見つかって、この粒子はグルグル回ってない、スピンがないんだということがわかると、これはともかく今まで見たのと全く違う種類の粒子だということがそこではっきりするわけです。言ってみれば、この粒子に限っては「顔なし」、他の粒子はみんな目鼻があるのに、ヒッグス粒子だけはのっぺらぼうなんです。

——どうやって確かめるんですか、それ。

村山　これはもう、そんな簡単じゃないんですよ、実は。もともと回っている粒子が壊れるというと、ビヤーッとある方向に飛んでいくじゃないですか。回っている横の面にいっぱい飛んで来そうな気がしますよね。縦の方にあんまり行かないような気がしますよね。

――しますね。

村山　そんな感じのことを調べるんです。壊れちゃったわけだけど、壊れてできたそのかけらを集めてみたときに、どっち向きに出されているかな、と見る。そうするとこっち向きに回ったはずだみたいな、そういう調べ方です。

――どこの方向にも均等に出ていれば、これはスピン0ですねということになる。

村山　はい。でも、なかなか難しいのは、あるときにこっちに回っていてこっちに出ました。別のときはこっちに回っていました。全部ためてみたら、均等に見えちゃうかもしれないじゃないですか。しかもLHCって、ある意味でとんでもない実験で。陽子と陽子のビームが当たると、検出器でとらえられる様子は**口絵1（巻頭参照）**のようになります。反応がまず20カ所ぐらい起きて、それぞれからまた粒子が何十個と出ている。

――20カ所ということは、つまり20組の陽子同士が一瞬にぶつかったと。

村山　陽子がたくさん入っているビームはわりと長いんです。細長い格好をしている草履同士がやってくる感じですね。ぶつかって草履が重なっていますから、ぶつかっていい衝突どころはたくさんある。そして、1個の衝突からまた何十個もの粒子がばーっと出てくる。このごみの山の中から探しているので、出てきたものがどういう向きでどういうふうにつくられていったのか、細かいことがなかなかわかりにくいんですね。

――じゃあ、セルンの実験では見つかった新粒子のスピンはわかってないんですね。

村山 はい、わかっていません。1ではないけれど、0かもしれないし、2かもしれない。

――重さが理論通りのところにあった、というだけ。

村山 あと壊れ方が理論と合っている。その2点です。

――何だ、それだけなんですか。と言ったら失礼かな。その点から言っても、「ヒッグス粒子か」の「か」を取るわけにはいきませんね。

村山 2013年3月14日、セルンから新しい発表があり、スピン2の可能性は2・7シグマで否定されました。まだ偏差値77に相当です。公式発表では「見つかった粒子は（中略）Aヒッグス粒子であることを強く示唆しています」とあり、「THEヒッグス粒子です」にまでは至っていません。

ヒッグスとは何か

――ところで、ヒッグス粒子の発見について報道されたとき、「神の粒子」という言葉が飛び交いました。なんで神の粒子なんですか。

村山　これはもともと本のタイトルなんです。レオン・レーダーマンというノーベル物理学賞を取った人が、ヒッグス粒子を探すのがどんなに大事なことかということを一般向けに書いた本があるんです。すごく面白い本で、ぜひ読んでみていただきたいと思うんですけれども、そのタイトルに神の粒子と書いてあるんです。私たちの宇宙の理解にすごく大事な基本的な粒子なので、これはすごく大事だということを言いたくて神の粒子というタイトルを付けた。それがこういうところで使われているんだと思います。

――それが発端なんですか。レオン・レーダーマンには2度ほど会ったことがあります。最初は日本の現代物理学の父、仁科芳雄博士の生誕100年を記念するシンポジウムが東京で開かれたときです。1990年でした。私は『科学朝日』の記者として取材に行きました。そして、2度目が99年にハンガリーのブダペストで世界科学会議が開かれたときです。世界科学会議に出席した彼が、続けて開かれた第二回科学ジャーナリスト世界会議で特別講演をしたので、終わった後に追いかけていって仁科シンポジウムのことを書いた『科学朝日』をお渡ししたんです。

その記事は、「物理学には必ず終わりが来る×いや自然の探究に果てはない　一線物理学者たちの誌上討論」というタイトルで、シンポジウム参加者たちの意見を聞いて座談会風に仕立て上げたものです。このシンポにはノーベル賞学者5人をはじめ世界から約300人が集まったんですね。レーダーマンさんは、加速器実験の専門家として「いずれ優秀な理論物理学者が最終法則を見つけ出したら、もう加速器を造る必要はなくなる」と言っていました。ちょうど米国でSSC（超伝導超大型加速器）という巨大加速器をテキサスに造り始めたところで、彼は「その次」ができるかどうかはわからないという意見だったのですが、SSCそのものが予算不足により93年に建設中止に追い込まれてしまいました。「物理学に終わりはないかもしれないけれど、「物理学実験に使えるお金には終わりがある」っていうことを私は学びました。

それはともかく、彼はヒッグス粒子に対して「神」という言葉を使うことによって、要するに「大事だ」ということを言いたかったわけですか。

村山　そうですね。でもさらに大本は、ヒッグス粒子があまりに見つからないので、レオンはGoddam particleといったそうです。「こんちくしょう粒子」という感じです。でも出版社が「それはまずいですよ、先生」ということで、God particleに落ち着いたとか。

——なるほど。それが真相に近そうですね。もう一つ、よく使われた説明が「質量の起源」です。このへんで、そもそもヒッグス粒子は何ぞやというところを教えていただきたいと思うんですけれども。

村山　ええ。そうですね。では、ちょっと話がさかのぼりますけど、質量、重さということを考えてみましょう。

——はい。

村山　アインシュタインの有名な式で、$E=mc^2$（2乗）というのがあります。mというのが重さでEがエネルギーですから、重さがあるものはみんなエネルギーがあるんだとアインシュタインは言っているわけです。

——cは光の速さという大きな数ですから、c2乗を掛けるというと、とてつもなく大きなエネルギーになるということですね。

村山　はい、そうです。それ、ちょっと考えると不思議なことだと思うんですね。素粒子って小さな粒なわけですけど、これをポッと置いとくじゃないですか。何もしてない。でも、重さがあるということは、もうここにすごいエネルギーがあるというわけで、なんで何もしてないのにエネルギーがあるんだろうか。

――うーん。

村山　エネルギーといわれると、例えば、物が動いているとか、すごく高いところに上げたとか、何かあったからエネルギーを持っているんだって普通は思うわけなんですけど、何もしてないこの粒がなんでエネルギーを持っているのか。そもそもこれはすごく不思議なことなんです。

――確かに……。

村山　私たち、例えば、体重計に乗って、今日はちょっと体重が重いなとか気にするわけですけれども、あの重さというのは、実は、物が動いてるからなんです。私たちの体の中に、先ほど言った陽子というものがたくさん入っているわけですけれども、陽子というのは、実は素粒子ではなくて、お饅頭みたいなものだと先ほどいいましたよね。つまり、素粒子というのはそれ以上分けられない基本粒子を指します。陽子はさらに分けられるので、素粒子ではない。陽子の中にクォークというものが三つ入っています。そのクォークというのが素粒子です。1個1個はほとんど重さをもっていないんですけれども、陽子の中をブンブンほぼ光の速さで飛び回っている。ですから、止まっているように見える陽子の中でクォークがブンブン飛んでる。そのエネルギーを私たちは体重計で測ってるんです。

――へええ、そういうことなんですか。

村山　ええ。ですから、エネルギーがあるということは、やっぱり、誰かが何かしているんだというのが普通の考えなわけです。

――ええ。

村山　例えば、電子も素粒子です。それ以上分けられない基本粒子で、これも私たちの体の中にたくさんある。それは、止まってても重さがある。エネルギーがある。何もしてないのにどうしてエネルギーがあるんだろうか。これを解決してくれるというのが、ヒッグス粒子の偉いところなんです。

――陽子は、中のクォークが動き回ってるから質量があるんだということで理解できる。だけど、電子は素粒子だから、本当の粒で中に何も構造はない。なのに、止まっててエネルギーを持っている。変じゃないか。

村山　ええ。

――変だと今まで思ってなかったですね。

村山　ええ。普段は物に重さがあるのが当たり前だと思ってますから、考えるまで気が付かないんですけど、よくよく考えてみて、重さはエネルギーだと思うと、その重さがあるというのは、このエネルギーはどこからきてるんだろうなと、不思議になってくるわけです。

――なるほど。それで、ヒッグスがどう関係してくるんですか。

村山　それで、ヒッグスというのは、宇宙の中に満ち満ちてる液体のようなものだというふうに考えられてるんです。

――液体なんですか。粒子って言ってるじゃないですか。

村山　粒子がたくさん集まって、全体として液体のような振る舞いをしているという、そういうイメージだと思ってください。宇宙全体がそれで満ち満ちてて、われわれはその中を動いてるんですよ。

――はい。

村山　そうすると、電子は止まっていると言いましたけど、実は本当は、重さがなくて光速で、光の速さで飛んでるというんです。光の速さで飛んでいるんだけれども、周りに液体が満ち満ちてますから、その液体にコツンコツンとぶつかる。コツンコツンコツンコツってやってる。われわれから見ると止まってるような気がしてるんですけど、実はいつも小突かれてるんです。小突かれてグングン動いてるので、そのエネルギーを私たちは電子の重さだと思ってる。

——ああ。でも、ほんの少ししか動かないわけですね。電子の大きさぐらいの範囲でコツコツコツコツ動いてると。

村山 だから、私たちが普通見ると、そういうふうに動いてるというのは気が付かないわけなんですけれども、もし、例えば、この瞬間に宇宙に満ちてるヒッグスの液体がなくなったとします。そうすると、私たちの体は一瞬でバラバラになります。

——どうしてですか。

村山 なぜかというと、私たちの体は原子でできてるじゃないですか。

——ええ。

村山 原子というのは原子核の周りの電子がグルグル回ってくれてるわけなんですけど、ヒッグスがなくなったら電子に重さがなくなりますよね。突然光の速さで飛ぶようになりますよね。

——飛んでっちゃうんだ、どっかに。

村山　ええ。だから、私たちの体は1ナノ秒（10億分の1秒）ぐらいでバッとバラバラになってしまいます。ヒッグスがないと本当に困るんですよ。

――ないと困るけれども、今まで見つけようとしても見つからなかった。

村山　ええ。宇宙が液体で満ち満ちているはずだというのは、ずっといわれていたんですけれども、じゃあ、何でできた液体なんだろうか。液体ですから、いろいろな粒々が集まってできていると思ってて、それをヒッグス粒子といっているわけなんですけど、それが何でできてるのかまだわかってない。で、このＬＨＣ実験のミソは、とにかく、宇宙のどこへ行ってもそれがあるというわけですから、エネルギーさえつぎ込んでやれば、そこに満ちてる、ここにあるものをゴンてはじき飛ばせるんじゃないか。はじき飛ばせば、ここにこれがあったんだなということがわかる。宇宙はこれで満ちてるんだなということがわかる。それが目的なんです。

――ふーん。ちょっと待ってください、はじき飛ばすために大きなエネルギーがいるんですか。

村山　ええ。ヒッグス粒子でできた液体が宇宙中にあるわけじゃないですか。だけどそれは、液体の中だからおとなしく収まっているわけなんですけれども、そこから1個だけ取り出そうと思うと、ゴツンとたたかないと出てこないんですよ。

――だけど、宇宙がその液体で満ち満ちてるとすると、外ってないじゃないですか。全部液体が満ち満ちてるんでしょう。

村山 ええ、そうなんです。

――どこに取り出すんですか。

村山 液体の中なんだけれども、粒々の集まりでできているわけだから、全体の液体の中から1個だけの粒をはじき飛ばすんです。

――でも、飛ばした先もその液体の中でしょう。

村山 もちろん液体の中なんですけども、ヒッグス自身も液体の中をゴツンゴツンやりながら運動できるんですよ。

――ふうむ。

村山 ヒッグスも重さがある。その自分の重さも、実は、自分にゴツンゴツンやられて小突かれるので重さを持ってるわけですから、ゴンてやるとはじき飛ばされる。はじき飛ばされたヒッグスも宇宙の中をゴツンゴツンやりながら運動してる。それをつかまえたいということなんです。

――はじき飛ばさないときは静かにしてるんですか。

村山　静かにそこに収まっちゃってる。ちょうどコップの中の水を思ってみると、この中に静かにしてるじゃないですか。だけど、水の分子を1個だけゴンとたたいたら、その水の分子が水の中をズブズブと走り出すことができますよね。

――まあ、できるでしょうね。

村山　そんな感じです。

――それをどうやって見るんですか。

村山　ええ。そのズブズブーッて走りだしたヒッグス粒子は、実は走っているうちにすぐ壊れちゃうんです。壊れちゃった後出てくるものを見つけることで、ここにこれがあったんだなということを確認するという、そういうやり方です。

――どういうふうに壊れるかはわかってるんですか。

村山　これは本当はわかってないです。何でできてるかわかってないですから。でも、取りあえず、標準模型を信じると、このヒッグス粒子はこういうふうに壊れるはずだと考えられるのです。例えば、このぐらいの重さのヒッグス粒子があれば、これは光の粒二つに壊れる確率が1000分の1だ、ということが計算できるので、光の粒二つを見つけましょうということです。見つけた二つの粒子をくっつけてみると、一つの重さに対応するかどうかを調べられる。そうやって、本当にこれはヒッグス粒子なのかなということを調べていくという、そういうやり方です。

――探すものは光だったりするわけですね。

村山　そうです。

――今回の実験結果は、光を探した結果だったんですか。

村山　いろいろなやり方を組み合わせています。ヒッグス粒子も光の粒二つに壊れるときもあるし、もっとずっと重いZボソンという別の粒子があるんですけども、それに壊れることもある。いろんな可能性があるので、できるだけいろんな可能性をしらみつぶしに調べていってしっぽをつかもうとしてきた。ありとあらゆることをやってという、そういうやり方です。

――私、2012年7月11日から15日までアイルランドのダブリンで開かれたユーロサイエンスオープンフォーラム、ESOFという催しに行ってきたんです。これは2年に一度、ヨーロッパ各地の都市を回りながら開かれる欧州最大の科学関連行事で、科学者だけでなく行政官やビジネスマン、それに学生たちもたくさん参加します。有名な科学者も多数参加する。たとえば、今回はDNAの二重らせん構造をみつけたワトソン博士や宇宙論で知られるリサ・ランドール教授が講演しました。その中に、セルン所長のロルフ・ホイヤーさんもいらした。

村山　そうなんですか。

――ええ。ESOFでの講演は、基本的に専門家向けではなく、一般向けです。特に大きい会場での講演は、例外なく一般向けでした。ホイヤーさんの講演は、一番広いホールでしたが、満席でした。7月4日のセルンの発表から間もなくの時期でしたから、みなさんの関心も高かったのでしょう。そこでホイヤーさんは「ヒッグス粒子とは何かってみんなに聞かれるから、これから説明するよ」と言って、パーティー会場に新聞記者がいっぱいいいるイラストを見せたんですね。これがヒッグス場であると。

村山　こういうやつ（**口絵2**）ですね。

――そうそう、これです。アインシュタインが入ってきたら、新聞記者がわっと囲んじゃってアインシュタインさんは動けなくなる。それはアインシュタインの質量が重くなったということである。その次に、アインシュタインさんは入ってこないのに、扉のところで「アインシュタインが来るぞ」と誰かが言う。すると、言っただけで新聞記者がわっと集まると。「これがヒッグス粒子です、以上終わり」と言った。

村山　なるほど。

――　質疑応答のときに、「アインシュタインが来るぞ」と誰かが言うというのは何を指して言っているんですかという質問があった。そうしたらホイヤーさんは、そこはもう難しいから聞かないでくださいって（笑）。それ以上の説明は一切なしでした。こそこそっと「誰か来る」と言ったときに、わっと自然に新聞記者たちが集まっちゃってぐじゃぐじゃになるという、それがヒッグス粒子ですという説明だったんですけど、どうなんですか。

村山　それはよくわからないね、僕が聞いていても（笑）。

――　ホイヤーさんは、新聞記者が会場にたくさん集まっているのがヒッグス場で、「誰か来る」といったときの現象がヒッグス粒子だ、というように分けて説明したわけですが。

村山　ヒッグス場とヒッグス粒子の区別というのを、私はこういうふうに言っているんです。さきほどは液体という言い方をしましたけど、どっちかというと「凍りついている」と言った方がわかりやすいかなと思っているんですね。

宇宙の最初、まだすごく熱かった宇宙。宇宙の最初は、ちょうど水蒸気のようにヒッグス粒子たちも自由にワッとばらばらに飛んでいたんです。だけど宇宙が冷えてくると、あるところでギシッと凍りつく。動いているときがヒッグス粒子、凍りついたらヒッグス場。これ、凍りつくと何が起きたかというと、最初はばらばらで秩序がなかった、つまり無秩序だった。凍りついた後というのは、どこもきちっと並ばなきゃいけないので、秩序ができたじゃないですか。これは、物性物理学で使う用語なんです。無秩序、秩序という言葉はね。ヒッグス粒子というのが秩序をつくった結果、ヒッグス場になる。

もちろん温度が下がったといっても、その温度は4000兆度ですから、まだすごく熱いですけれど、ともかく温度が下がって凍りついたんだと考えてみます。その凍りついた中を私たちが運動しているので、言ってみればギシギシに詰まったところを通ろうとすると簡単に行けない。それで普通の粒子はみんな後れを取ってしまう。後れを取ってしまったというのが重さを持ったことだと、そういうふうに最近言うようにしているんですよ。

――ふうん。ヒッグスは重さを作ったというより、秩序を作った……

村山 秩序ができた。どういう秩序かというと、そのおかげで電子が光速で行けなくなった。そのおかげで、普通の原子ができるようになったわけです。今このヒッグス粒子が蒸発すると、温度をむちゃくちゃ上げれば蒸発するわけですけれども、そうすると凍りついたものがなくなって、みんなブワッと飛び始めるから、電子もバーッと飛び始めていって、原子もすぐばらばらになっちゃう。私たちの体も10億分の1秒でばらばらになる。

――10億分の1というのは根拠のある数字なんですか。

村山　光の速さで30センチ行くのに10億分の1秒。

――そういう意味か。体の中にある電子すべてが30センチ先に飛んだら、体はバラバラになりますね。

村山　だからそういう意味で、「秩序をつくっている」というのは納得してもらいやすいかなと思っているんですね。そもそもさっきのパーティーのたとえ、これ、実はコンテストの優勝作品で、1993年に研究資金を出すイギリスの機関が「ヒッグスって説明しにくいから誰かいい説明はないか」と公募したんです。それである物理学者のグループが提案したのがこの説明です。

――そうなんですか。ずいぶん前なんですね、1993年って。

村山　優勝したこのグループは、ちゃんとヴーヴ・クリコのシャンパンをもらったらしいです（笑）。

――シャンパンだけですか（笑）。

村山　しかも落ちがあって、もともとは「パーティー会場」に入ってくるのはアインシュタインではなくサッチャーさんがモデルだったらしいんですけど、サッチャー首相はあまりに科学技術予算を削ったので、みんな怒ってアインシュタインに替えたんだって（笑）。

そういうことなんですけど、その秩序という言い方をすると、ちょうど宇宙の始まりは幼稚園児の休み時間みたいなもので、みんなワッといろいろなところで走り回っている。一緒に共同作業をするわけでもないし。幼稚園児って先生がいくら「お教室に入ってきなさい」と言っても入ってこない。そこにあるとき魔法使いが現れました。その魔法使いが子供たちに魔法をかけると、みんなだんだんおとなしくなって動きが遅くなって、気が付いてみるときちんとここに座っている。こうやって原子ができます。魔法使いなんです（笑）。その魔法使いがしかし誰だかわからない、顔なしだ——。今はこういう状況なんです。それが「ヒッグス粒子か」、と「か」がつく理由（笑）。まだ顔が見えません。

本当に今までにない新しいタイプの粒子で、今まで見つかった粒子は全部物質をつくるもとになる粒子か、力を伝える粒子、その2種類しかなかったわけなんですけど、秩序をつくる粒子というのは見たことないんですよ。

——2種類しかないと聞いても読者はピンとこないかもしれません。だいたい、ヒッグス粒子発見か、の報道があったとき、新聞やテレビでは「この世界には17種類の粒子があって、そのうち16種類はもう見つかっていて、最後の一つだけが見つかっていない」という説明を盛んにしましたからね。17種類とは何とも中途半端な数、と感じた人は多いんじゃないかな。ともあれ、すでに見つかっていた16種類を大きくグループ分けすると、二つに分かれるんですね。物質のもとになる粒子というのが、電子とかクォークとか、要するにモノをどんどん細かくしていったときに到達する粒。これがまあ、普通の物質粒子で12種類。力を伝える粒子というのは、光子とか先ほどちょっと名前が出たZボソンと呼ばれる粒子などで、これをあげたり貰ったりすることで力が伝わる、ちょっと普通じゃない粒子で4種類（**図1**）。

村山　そのどちらでもないのがヒッグス。秩序をつくるという今までにない役割をしている粒子です。だから標準模型では一番大事な粒子。その粒子が凍りついて秩序ができた。ヒッグス場になった。

だけどあまりにギチッと凍りついているので、そのままでは取り出せない。身の回りにあるのに何で気付かないんだというのは、たぶんよくある質問だと思いますけれども、空気のような存在なわけですね。空気というのは日ごろ全然意識もしないし、たぶん昔の人は空気ってものがあることも知らなかったと思うんです。風が吹くと空気がぶつかってい

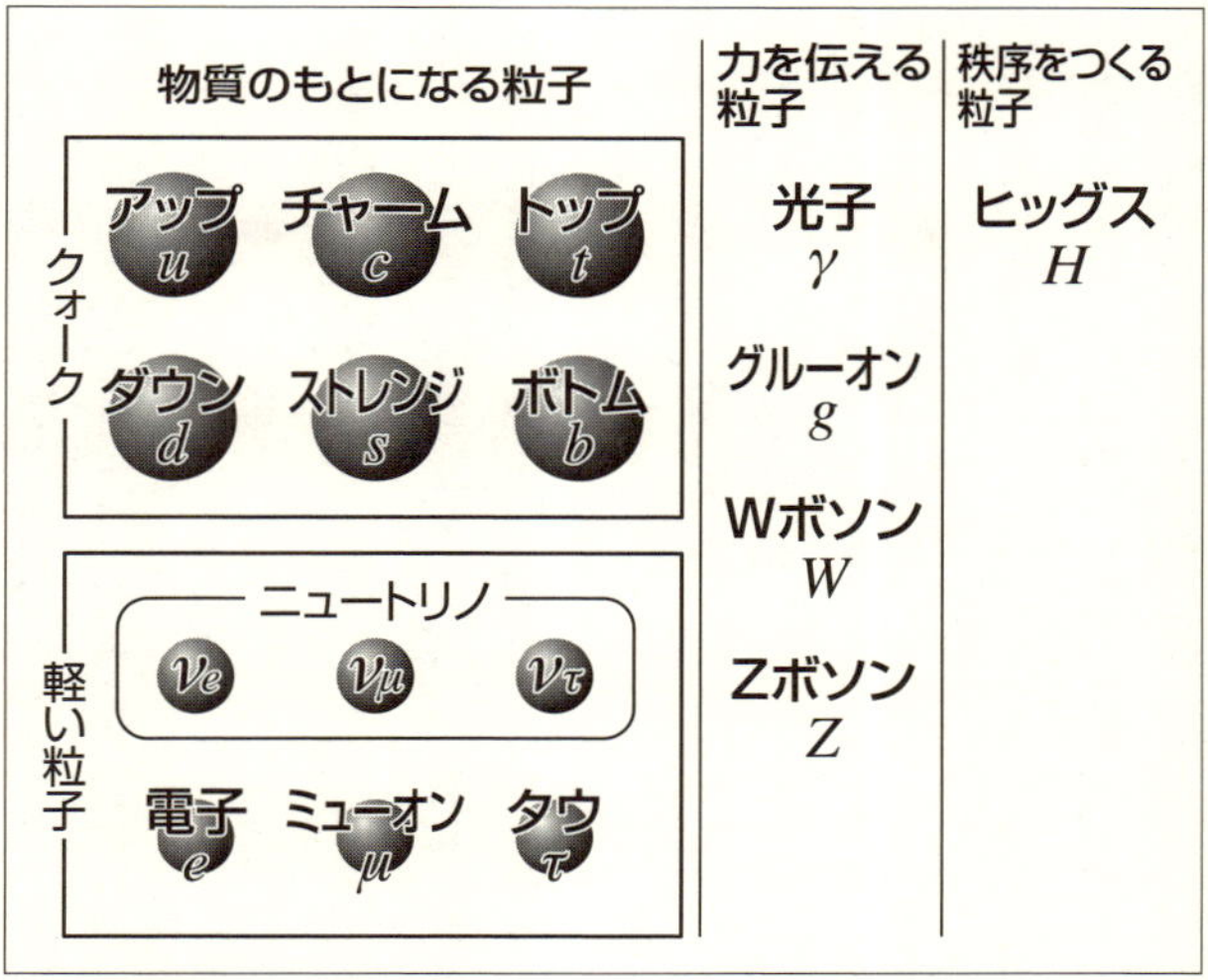

図1　素粒子の一覧

るんだっていうことは、我々は学校で習うから知っているわけだけど、昔の人は、空気があるんじゃなくて、風というものがあると思っていたじゃないですか。「風神」という神様がいるとか。

それぐらい空気というのも本当、わからないんですよね、見えないし、触れないし、におわないし。風が吹くと気が付くというのは、ある意味でそのわからない空気でも動きがあると感覚できる。ヒッグスは宇宙空間にギシーッと詰まっちゃっているので、動きがないと全然やっぱり気が付かない。もしそのヒッグス粒子がワッと流れたりすれば気付くのかもしれないですけど、あまりギチギチだと全体に流れをつくることもできない。空気よりも難しい。しょうがないからゴツンとたたいて、1個ボコッと出てくるとその動きは見える。そうやって発見したんです。

「顔なし」という特徴

——ヒッグスが質量を与えているのは、動きにくくする役割をしているということで、まあ、直感的にわかるんですけれども、そうすると粒子によって違う重さが与えられているのはなぜか。ヒッグス場は宇宙に一つだけですよね。ならば、ヒッグス場と相互作用する粒子の側に何かがあって、違いが生まれていると考えざるを得ない。重さの起源っていうけれど、それはもともとこっちの粒子さんが持っていて、ヒッグスは起源を与えているわけじゃないんじゃないですか。

村山 それは本当にそうです。例えばヒッグスが真空に、宇宙にいっぱい詰まっていると言っても、光は重さがない。やっぱり光速ですので。それは光の方の性質ですよね。光というのは電気があるものにぶつかって反応しますという性質があると。ヒッグスはいくら真空に詰まっていても電気を持ってないので、光は気が付かずにそのままスーッと行ってしまう。だから重さももらわないし、光速のままで後れも取らないで行く。それは光の方の性質。

いろいろな素粒子の場合で言うと、それぞれヒッグスにぶつかる、知っている素粒子はみんなぶつかりますけれども、でもぶつかり具合はそれぞれの粒子の性質で決まっている。電子はぶつかるんだけど、めったにぶつからない。それなりにスッと行ってしまうから、わりと軽い。一番重い粒子のトップクォークは、もうそれこそ、ゴツゴツとぶつかってもうどこにも行けないぐらい、すごく重くなっちゃう。それはそれぞれの粒子の持っている性質です。

何でそれぞれの粒子がそういう性質を持っているかというのは、これはまた大きな謎なんですよ。標準模型はそれを説明できないので、だからやっぱり標準模型は不完全だなとみんな思っているわけなんです。

――質量の起源と言ったらね、そっちを解明しないと起源を解明したことにならないですね。

村山 まったくその通りです。それは解明されてないです、全然。

――そうですよね。

村山　起源ということが何を意味するかわからないけど、ヒッグスが質量の元をつくっているのは間違いないわけです。何かそこにギーッと詰まっているものがあるから質量が生まれる可能性が出たわけです。だけど、それぞれの粒子さんが、じゃあ、そこから質量をもらおうかなというのは、それぞれの粒子さんの性格で決まっていって。

――そうすると、ヒッグスがいないと困るけれど、いるとわかったことによって何か新しいことがわかったかというと。

村山　まだそこまでいってない。

――いってないんですよね。

村山　でも、そうなるんじゃないかという期待感はやっぱりすごく強いんですよ。さっき言ったように今まで見たこともないような粒子で、ものをつくるわけでもなく、力をつくるでもなく、秩序をつくるという新しい働きをする粒子だと。秩序をつくるという大事な働きができるためには、条件がある。スピンを持ってはいけないんです。

電子も、光の粒子も、いつもクルクル回転している。今まで見つかったどの素粒子を見ても、ある意味で目鼻立ちがあった。この人はこういうふうに回転していますって、それぞれちゃんと目鼻立ちがあってよかったんですけど、ヒッグスに限っては顔がない。

―― 顔なしタイプね。

村山 ええ、のっぺらぼうなんです。これ、実は大事なことで、秩序をつくっている条件なんですね。昔エーテルというのがありましたよね。

―― はい。いまエーテルと聞くと、独特のにおいのする液体を思い浮かべる人が多いと思いますが、元をたどるとアリストテレスが天体を構成する元素を「エーテル」と呼んだのですね。ニュートンが出てきて、アリストテレスが言っていたさまざまなことはどうも事実と違うとわかってきた。万有引力発見の一番大きな意味合いは、リンゴが落ちるというような地球上の現象も、天上世界を動く天体も、同じ法則に支配されていると看破したことですね。つまり、天上世界は特別ではない。で、天体は地上とは別のエーテルという元素で構成されているというアリストテレスの考え方もすたれた。ところが、近代科学ができていく過程で、別の意味でエーテルという言葉が使われるようになる。

村山 それは光が真空を伝わるというのをみんな納得できなかったからですね。光は波であることが、ニュートンをはじめとする多くの科学者の実験ではっきりしたんですね。波というのは、音だったら空気を伝わる。水の波だったら水の表面を伝わる。何かがあるから波があるんだとみんな思い込んでいた。だから、光にとっての「何か」をエーテルと呼んだ。太陽から光が来るからには、間にエーテルというものがあるはずだと。

――それはとても自然な考え方ですよね。伝わってくるからには、伝える何かが空間を満たしているはずだ。

村山　でも、この考えは間違いだったと後になってわかります。エーテルの致命的な間違いは、見る人によって違って見えるものとして考えられていたことです。止まっている人が見るエーテルと、動いている人が見るエーテルが違っている。

――エーテルを空気や水のようなものと考えたら、そのように考えるのは、これまた自然なことですよね。

村山　そう、だから、人の動きによって光の速さも違って見えるはずと当時の科学者は考えた。だけど実験で測ったら同じだという答えが出たので、エーテルがあると考えたことが間違っているとわかった。

――人の動きというのは、地球の自転とともに動いていることを指すんでしたっけ。

村山　いや、公転です。地球が太陽の周りを公転している速さは、結構速くて、秒速30キロです。時速にすると11万キロ。これだけの速さでエーテルの中を動いているはずなのに、光の速さをいくら精密に測っても測る方向による速さの違いは出てこなかった。それで、エーテルなんていうものはないんだということになった。光は、何もない真空の中を進むと。

――ええ、そこは納得しがたいところもあるけれど、実験結果がそうなんだから仕方がない、ということで納得してきたわけですね。エーテルなんてものはなくて、何もない真空が広がっているだけだ、と。それで、今、宇宙全体をヒッグスが埋め尽くしているということになると、昔のエーテルと何が違うんだという疑問がわいてくる。

村山　ヒッグスは、誰が見ても同じように見える。

――あ、そこがエーテルとの違いですか。

村山　そこです。ヒッグスはのっぺらぼうじゃないといけない。のっぺらぼうは誰から見ても同じに見える。目鼻立ちは見る角度によって違って見える。

――なるほど～。どんな運動をしている人から見ても同じなのがヒッグスで、それが宇宙全体に……。

村山　満ち満ちていると。顔があるものが真空に満ちていると、見る人によって違って見えるので、運動の仕方によっていろいろな性質が変わっちゃう。今まで顔がある粒子しか見たことがなかったので、じゃあ、真空というのは本当に真空なんだと受け入れていたわけですよね。だけどヒッグスの話になって初めてその顔なしの粒子というのはあっていいんじゃないかと。それだったら真空に詰まっていても問題ない。

のっぺらぼうだっていうことが大事なんですよ。だからなおさら気持ち悪い。今まで見たことのある目鼻立ちのある粒子と全然違う。見たことのない人が突然入ってきたわけですね。今までクォークとか電子とか力の粒子とかで仲良く暮らしていたおうちがあって、互いにみんな性格もよく知っていて、仲良くやってきた。あるときにぱっと窓が開いて、ほかの人が入ってきたわけですよ。それが顔なし。びっくりする。そんな感じ。こいつ、誰だ。どこから来たんだ。

そこですぐに思うのは、じゃあ、きっとどこかにのっぺらぼう族というのがいるんだろうということ。そう思いたくなるじゃないですか。こいつだけだとはちょっと思えない。どこにのっぺらぼう族がいるんだろう。その新しいファミリーの最初の1人が現れたんじゃないかと思っているわけなんですね。

――のっぺらぼうということは特徴がないっておっしゃったのに、のっぺらぼう族を見分ける特徴があるって考えちゃうわけですか。

村山　のっぺらぼう族でも、例えば電気を持っているのっぺらぼうもいるかもしれない。

誰から見ても同じだという意味ではのっぺらぼうなんですけれど、そののっぺらぼう自身が電気を持っていてもそれはそれでいいので。

――大丈夫なんですか。

村山 ええ。そうすると光はぶつかってちゃんと反応できて、見ることができるはずです。光が重さを持つということになりますよね、そうすると。

村山 それは真空に詰まってないと考えるわけです。のっぺらぼう族がいて、その1人が凍りついた。それで秩序をつくったわけなんですけれど。

――ほかの人は自由に歩いている。

村山 まだ自由に歩いているんです。

――それは見つかるかもしれない。

村山 ええ。

――でも重いわけですね。

村山 重いから見つかってないんだと思っているんですけど。この話は先ほどちょっと触れましたが、専門的には「超対称性理論」と呼ばれています。その中には本当にそういう考え方があるんですよ。のっぺらぼうはたくさんいるんですと。今まで目鼻立ちがあると思っていた電子とかクォークとか、みんなパートナーがいて、パートナーはのっぺらぼうなんです。このパートナーのことを超対称性粒子って呼んでますけど。

――のっぺらぼうというのはスピンが0という意味なんですか。

村山 ええ、スピンが0という意味。

――そうだとすると、超対称性粒子って全部スピンは0ということ?

村山 スピンが0の粒子がたくさんあるということです。全部じゃないですけど、ほとんどそうです。そうするとヒッグス粒子というのは、標準模型だと、たった1個だけのものすごく特別な粒子で、一番大事な働きをしている存在と思うわけですけど、超対称性理論の立場だと、いや、のっぺらぼうはたくさんいるんです。たくさんいるんだけど、その中の1人がたまたま宇宙に凍りついてこういう大事な働きをしてしまったんです、というどちらかというとそういう見方になるんですね。

――その中の一番軽いやつが凍りついたんですか。

村山 一番軽いやつと言っていいですね、そうですね。

――それは何か必然があるのかな。

村山 それを説明する理屈もあります。まず超対称性というのを考えて、そうするとそのパートナーたちがどこかから重さをもらわなきゃいけない。その重さをもらうメカニズムというのをちゃんと考えて計算してみると、多くの場合ヒッグスが一番軽くなるというのも計算で示せるんですよ。

それは何でかというと、ヒッグスはさっきのいろいろな粒子、それぞれ個性があって、どのくらいヒッグスと反応するかは粒子によって違うというのがありましたけど、一番反応するのは一番重いトップクォークです。

――クォークの中で一番重いのがトップです。これを探すときも、なかなか見つからなくて大変だったんですよね。その存在を予言したのが、小林益川理論。クォークが三つしか見つかっていなかったときに、小林誠さんと益川敏英さんが最低でも六つ以上必要という理論を出した。その後、四つ目、五つ目が見つかって、それなら六つ目も存在間違いなしということになった。クォークの名前ってみんな変なんですけど、五つ目がボトムで、六つ目がトップですね。

それで、未発見のトップクォークを探せと、現在のＫＥＫの前身である高エネルギー物理学研究所がトリスタンという円形加速器をつくった。現在のＫＥＫＢ（ケックビー）はこのトリスタンを改造したものですね。トリスタンの建設開始は81年、私が記者になって

3年目のときです。そのころは岐阜支局にいて、科学取材とは無縁の生活をしていたんですけどね。86年から実験が始まって、いつ発見か、いつ発見かと期待が高まったけど、トップクォークは見つからず、結局、トリスタンのエネルギーでは足りないとわかった。そうやって、ようやく米国最大の加速器テバトロンで発見することができたのが90年代半ばですね。

村山　テバトロンもすごくいい仕事をたくさんしたんですよね。2011年に完全にスイッチオフされました。ともかく、今わかっている粒子の中で一番重いのはトップクォークで、重いということはヒッグスと一番よく反応するということです。そのトップとヒッグスの反応をちゃんと計算してみると、だんだんヒッグスが軽く、軽くなっていくというのが計算で示せるんですね。

――　反応すると軽くなるんですか。

村山　トップクォークがヒッグス同士に引力をつくるような感じになって、引力で引っ張ると自分の重さが軽くなっていく。反発すると押し上げていってエネルギーが上がる、引っ張られると引き込まれてエネルギーが下がる。エネルギーは重さですから、引力は軽くするわけです。

――それで。

村山　トップクォークがあるので、それが間接的にヒッグス同士の間に自分たちで引力をつくってしまって、自分自身をどんどん軽くするという働きをする。その同じような反応はほかの粒子に起きないものですから、ヒッグスだけがどんどん軽くなる。それはわりと計算としては自然に出てくるんです。

――軽くなると検出しやすくなるわけですか。

村山　なるんです。それで検出しやすくなる前に、宇宙に凍りついちゃったので、今度は逆に別の意味で検出しにくくなっちゃったんですけど。

――え、どういうこと。話がよくわからない。軽くなっていって？

村山　軽くなり過ぎちゃって宇宙に凍りついたんです。重いものは宇宙に凍りつけないいんですよ。

――それで、今その凍りついているのをぽんとたたきだして、その粒子の重さを測りましたよね。その重さと今凍りついているヒッグス粒子の重さは違うっていうこと？

村山　違います。ヒッグス粒子はヒッグス粒子自身とも反応するんですね。……もしかしたらセルンのホイヤー所長が言ったのはそのことかもしれないです。ここでこう、何でしたっけ。

――アインシュタインさんが。

村山　「来たよ」と言っただけで周りに新聞記者が集まるというのは。もしくはそれとヒッグス粒子が入ってくると、その周りのヒッグス場もすぐ気が付いてやっぱり群がる。そうすると自分自身を重くするという働きをするんですね。本当はもともと自由だったヒッグスさんの重さと、ヒッグスさんも周りに囲まれてしまってもっと重くなった重さは、答えが違うわけです。

――なるほど。今回わかったのはその重たくなったもの。

村山　はいはい。

――じゃあ、もともとのヒッグス場を構成している一つ一つのヒッグスは測れないんだ、その軽い状態では取り出せない。

村山　取り出せない。

――どれくらい軽いんだろうか。それは計算上出るわけですね。

村山　そうですね、計算上出ますけど、まだそのヒッグス自身がどのくらい自分と反応するかという強さが測れてないので。それが測れないとちゃんとは計算できないです。自分で自分自身をどのぐらい集めちゃうかというのがまずわからないと。これ、なかなか実験で調べるのは難しいんですよ。

――なるほど。じゃあ、すごく重いヒッグス粒子がばっと満ち満ちているというイメージでいたんですが、そうではないわけね。

村山　むしろ軽いんですね。軽いので、真空にワアッと集まることができて、自分自身も周りのものを集める効果があるから、それで重くなっている。その重くなった結果というのが見つかったこの粒子という。

――なるほど。すごくわかったような気がするけど（笑）。

村山　だからバンとたたいたんですけど、たたかれたやつも周りを引きずりながら走っているんですね。

――そうすると、ヒッグス粒子が重さをつくる説明として新聞では水あめの比喩がよく使われたんですが、つまり水あめの中を歩こうとするとなかなか進めない。これは体が重くなったのと同じこと、という説明ですね。その水あめのイメージはよく合っているわけですね。出そうと思っても1粒は出せなくて、周りもくっついて出てきちゃって、重たい。

村山　ええ。

——いやあ、ヒッグス場とヒッグス粒子について大変よくわかりました……っていっちゃっていいかな（笑）。

巨大組織セルン

——村山さんは、セルンの何かの委員を務めていらっしゃるんですよね。

村山　所長はじめトップレベルの人が入っている委員会の一員です。日本語にすると科学方針委員会というのかな。ここで決めたこと、というか話し合われたことが、セルンの評議会というヨーロッパ各国政府の集まりの決定機関に行くようになっていて、運営方針を決める参考にされます。この委員会に入っているので、セルンには年に6回ぐらい行くんですよ。すごく感じるのは、単にセルンのカフェテリア、食堂を歩いていても、もうそこら中でアメリカの友達に会ったり、日本の知り合いに会ったりする。本当に世界中から集まってきているって感じがすごくする。これだけ大きな実験だから世界中の英知と人材を結集しないとできなかったので、当然といえば当然なんだけど、そういう場所が地球上に生まれたというのはとんでもないことですよね。日本もそういう場所になれたらいいだろうなと思いますね。

――最初に7月4日の発表内容を村山さんもご存じなかったとおっしゃいましたが、委員である村山さんでさえ知らされなかったんですか。

村山 そうです。厳しい箝口令《かんこうれい》がしかれて、二つの実験チーム同士もほとんどその日まで互いの結果を知らないという状況でやってきました。

――LHCの実験チームは二つあったんですね。ATLASとCMSというんですね。

村山 はい、そうです。

――それぞれが3000人。

村山 ぐらいいますね。

――想像を絶する大人数ですね。朝日新聞社員が約5000人ですから。日本の研究者はATLASに参加している人が多いと聞きます。

村山 ATLASにしかいません。日本のというか、日本人かどうかは別として、日本の研究機関の人はATLAS実験だけに入ります。それはちゃんと取り決めがあって、日本はATLAS実験にいろいろな貢献をしているわけですね。装置の一部を造って、それを実際に使っている。お金も出している。そういう貢献をすることでそこから出てくるデータを使えることになる。

実験のグループというのは全部ギブ・アンド・テイクで、貢献をしていない人がその実験データを使って発見したということは許されないわけなんですよ。日本は国としてATLAS実験に貢献しましょうと決めた。両方の実験に貢献するほどの余裕は実はない、人もお金も。一つだったらできるということで、じゃあ、日本はATLASにしますとずいぶん前に決めてあったわけなんです。

——あとはどこの国なんですか。

村山　あとはもうそこら中ですけど、例えばアメリカでもバークレー（カリフォルニア大学バークレー校）はATLASです。すぐ隣の同じカリフォルニア大学のデービス校はCMSです。スタンフォード大学とカリフォルニア大学サンタクルーズ校はATLASで、アーバイン校はCMSで、やっぱりすごく勢力地図があるんですよ。

——それはどうやって決めていくんですか。

村山　基本的にはそれぞれが「どっちかに入りたいです」って申し込むんです。もちろん二つの実験グループもある程度の大きさになってくると、こいつらを入れて価値があるかなとか、ちゃんとそれに見合った貢献をするかなとか、審査するわけですね。そこが国際協力というもののすごく難しいところで、みんなが納得する形にならないと、全員で一緒

写真1　ブロックのレゴで作ったATLAS実験装置モデル（CERN提供）

に仕事をできないですから。

――それにしても、3000人でいったいどうやって分担しているのですか。

村山　例えば装置を造ることを考えると、ATLAS実験装置というのは、日本で言えばスーパーカミオカンデを横に倒したぐらい大きいわけなんです。

――ATLASグループが使う検出装置がATLAS実験装置（**写真1**）ですね。加速器実験というのは、粒子を思い通りに加速させるのも大変だけれども、実験の要《かなめ》は衝突させたときに出てくる粒子を検出するところにある。

村山　ええ。検出装置がATLASとCMSの二つあるわけです。ATLASは高さが22メートルだったかな、長さ四十数メートル。しかも、中にギシーッと装置が詰まっているわけですから、ものすごい数のハイテクな装置が積み重なってきているわけです。

本当に文字通り分担するんですよ。ここの部分はあなたね、この部分はあなたね。それもちゃんと合体できなきゃいけないので、きちっと仕様を決める。くっつけようとしたらはまらなかったということは絶対あるからね。そういうのを全部取り決めて、その分担をちゃんと実行しましたというのが、ある意味で大発見に参加できるチケットなわけです。

――もしどこか一部が壊れたら、壊れた部分を分担した人が責任を持って直すと。

村山　責任を持って直さなきゃいけないですね。壊れるところまで行かなくても、しょっちゅう不具合が起きるんですよ。私自身はこの実験に参加してないですから、実際には知りませんけれど、起きているに違いないです。その部分を造った人、もしくは担当している人というのが、誰か24時間オンコールでいるんですよ。セルンのコントロールルームでシフトを組んでいる人は、もちろん実験装置をちゃんと監視しているんですけれど、そこにいる人も全部を把握している人は誰もいないわけですね、もう巨大な装置ですから。

――そうでしょうね。

村山　ここで問題が起きたと言ったら、そこを担当している人に電話をして、夜中でもたたき起こして、「これ、いったいどうするんだ」と聞く。場合によってはその人が来なきゃいけなくなる。

――飛行機で飛んでこなきゃいけないこともある。

村山 取りあえず電話で話をして、「じゃあ、しょうがないからスイッチオフしてくれ」とか、「こうやったら直るかもしれないからこれをやってくれ」とか、そうやってコンスタントにずっとやり続けながら装置を維持していく。

――日本でやっているのは、東大と名古屋大と……

村山 あと、つくばのKEK（高エネルギー加速器研究機構）とか神戸大学、九州大学。全部覚えてないですが、結構いますよ。大阪大学も入っているし。日本の参加の仕方というのは一応、KEKが集約して、そこで全体としていろいろな取り決めとか覚書とかそういうものを集約してやっています。ですからKEKを通じてみんな参加しているという格好にはなっているんですけれど、それぞれの仕事の仕方は人によって全然違っている。セルンにずっと常駐している人もいます。日本からリモートコントロールで、データを取り寄せて解析している人もいる。

――資料を見ると、ATLASには37カ国から約2900人が参加と書いてありますね。

いずれにせよ、すごい人数です。そんなに大勢が関わっていて、二つのグループが実験結果を相手グループに知られないようにお互い秘密を守り通したというのもすごいですね。

村山　物理の実験結果って、普通は別の人が追試をして確認するわけです。一人が成功したといっただけじゃ信用されなくて、関係ない人が同じようにやって同じ結果が出て初めて信用される。でも、これほど巨大な加速器はそうそう造れないので、一つの装置で全く別のグループが別々に結果を出すようにしたわけです。方法も別、検出装置も別、その二つのグループがともに同じ結果を出したことがすばらしい。

――　相手グループがどういう結果を出すかわからなかったから、7月4日の発表前のハラハラ、ドキドキ感がいやがうえにも高まったんですね。そういう状況を知ると、村山さんが涙が出るほど感動したのもわかります。さて、セルンが次にやらなきゃいけないことっていろいろあると思うんですけれど、優先度が一番高いのは何ですか。

村山　まず粒子が見つかったわけなので、この人の正体を知りたい。おそらくのっぺらぼうで顔はないわけですけれど、少なくともその体格とか性格とか、きょうだいがいるのかとか、親元はどこかとか、そういうようなことを知りたくなるわけですよね。

――　そのためにはもっとエネルギーを高くしないとだめですよね。

村山　まずは、見つかったものをもっとたくさんつくらなきゃいけない。今、ちらっと顔を見たという段階だとすると、もっとじっくり見ないとその人のことがわからない。そのためにもっと長い時間をかけるというのが一つの戦略です。セルン自身も2012年は休まないと決断した。普通だったら11月ぐらいで実験をやめるんです。クリスマスは実験をやらないんですけれど、年末までやるって。

――ええっ！　ワーカホリックの日本人みたい。休みが好きな欧州人とは思えない（笑）。

村山　そうやってもっと時間をかけましょうというのが一つ。それから次にやるのは、エネルギーを上げる。今8TeVあたり。さあ、難しい言葉がやってきました。解説をどうぞ（笑）。

――（笑）テブ（TeV）というのはエネルギーの単位ですね。テラエレクトロンボルト。テラは1兆を表す接頭語。電圧があると電子が走っていくわけですが、電子一つが1ボルトの電位差のあるところを走って得られるエネルギーが1エレクトロンボルト、日本語で言えば1電子ボルトです。1TeVは1兆電子ボルト。

村山　最初は7で始めて今8になっていたのを、今度13まで上げるというのが次の計画で、そのためには実は加速器を少し増強しないといけないんです。普通の乾電池（単3形）が1・5ボルトですから、13ＴｅＶは電池を約9兆個ならべたエネルギー。増強という言い方がいいかどうかわからないんですけど、実はＬＨＣで実験を始めるときに一遍事故があって、小爆発が起きて、結構壊れちゃったというのがありました。それを直すのに2年間ぐらいかかったわけです。後で考えてみるとある意味でヘマで、接触不良みたいなところがあって、そこに過大電流が流れて、それで大事故になっちゃった。

27キロにわたって装置がダアッとあるわけですから、接触全部大丈夫なの？　というのを調べるのが結構大変だった。調べてみた結果、まあ、大丈夫だから8まではいいだろうというので今走らせているわけなんですけど、ちょっとまだおっかなびっくりやっているわけなんですよ。これ、13に一気に上げちゃうのはちょっとやっぱり怖いな。一遍止めて、1年半以上かかるんですけど、全部チェックして、怪しいなと思うところをもう一遍やり直す。老朽化している部分は入れ替える。だから加速器全体の増強とまではいかないんですけれども、本当に大丈夫かどうかを確認した上でもう一遍走らせましょうと。

――　装置を変えなくても13まで行けるんですか。

村山　装置はほとんど変えなくていけます。今ある装置がちゃんとメンテナンスされていて、1個1個の接触がオーケーで、きちんとチェックされていれば。

――あれは陽子を走らせて、超伝導磁石で、磁石の力で曲げるとともに加速するということですよね。加速のスピードを上げるには、磁石の方の……

村山 力を強くしないといけない。そのためにはもっと電流を流さないといけない。どこかで接触不良みたいなところがあると、そこに流れる電流が多くなって、すぐ過熱して……

――壊れちゃうと。

村山 壊れちゃう。

――要するに8のときに流している電流よりも多く流す。それで……

村山 耐えられるかどうか。

――13までは行けるだろうという、一応そういう見通しなんですね。

村山 いや、もともとは14の予定だったんです。

――そうなんですか。最初の設計は。

村山 ええ。だけど事故が起きちゃったので、そろりそろりと始めて、8まで上げてみた。まあ、大丈夫そうだな。次に13まで上げたいんだけど、もう一遍ちょっとチェックをしてからという段階です。最後は14まで行くと思っているんですけど、まあ、ちょっと慎重に、慎重に。

―― 14を目標にしないところがまた微妙ですね（笑）。

村山 本当に化け物機械ですからね。一カ所問題があったら全部だめなわけでしょう。それで、「時間をかける」「エネルギーを上げる」というのに続く戦略の三つ目は、さらに強度をもっと上げる。これはもっと時間がかかります。強度が上がってくると出てくるデータも、複雑さも今までどころじゃなくなるわけですよ。

―― 強度を上げるということは、ぶつかる頻度が増えるということですよね。

村山 もっとバアッと出てくる。

―― そうですよね。それは私、かえって面倒くさくなるような気がするんですけど（笑）。

村山 でも、欲しいヒッグスはその分たくさんできてくれるわけなので。

―― そうですね。今の10倍ぐらいになっちゃうと、一度に200個もぶつかる。どうするんですか。

村山 でも、やるんですよ。衝突後の写真はすごいぐじゃぐじゃに見えますけれど、このぐじゃぐじゃの中でも見やすい粒子というのがあって、実は光の粒というのはこのぐじゃぐじゃの中には見えていないんですね。

――そうなんですか。

村山　光というのは電気を持ってないので。

――ああ、ここで見えているのは電気を持っている粒子だけなんですね。光はここでは見えない。

村山　線になってない。ずっと遠くに行ったところに突然ボンッとエネルギーが現れる。途中に線がないのにボンッとエネルギーが来るというのを探すときは、ここがどんなにぐじゃぐじゃでも関係ない。そういう、いろいろテクニックがあるわけなんです。

――なるほど、その場合はぐしゃぐしゃが増えてもいいわけですね。

村山　ええ、そのときに大変なのは何かというと、検出器の方です。強度が上がってバンバン当たるとやっぱり検出器もだんだん劣化してくるわけです。今の検出器で強度を10倍、100倍にするとたぶん耐えられない。造り替えなきゃいけないんです、もっと頑丈なものに。それで、次の世代の検出器を造るという研究を日本でも一生懸命やっているんです。

――すでに始めているんですね。

村山　そうです。次にもっといい実験をしようと思うと、新しい装置が必要になったり、データを解析するコンピューターももっとパワフルにしなきゃいけなくなったりします。だから、いろいろなことを一緒に進めていかないといけない。

――検出器を高い強度に耐えられるようにするのには、相当時間がかかるんでしょうか。

村山　今の検出器を造るのに10年かかっているわけですから。

――また10年かかると。

村山　それで、かれこれこれからまだ20年やり続ける。それでやっと欲しいぐらいのデータになるだろうと言っているわけなんですね。

――20年ですか。

村山　ええ。

――若い村山さんですけれど、20年後は（笑）。

村山　いや、確かにそろそろ定年の声が聞こえてきますが（笑）。

――そのときも感激の涙うるうるで話を聞けるんでしょうか。

村山　感激するんじゃないですかね（笑）。

出番を待つリニアコライダー

村山　ＬＨＣで進めるのとはまったく別の戦略を考えている人たちもいます。それが、リニアコライダーです。

――リニアというのは線形、真っすぐという意味ですね。コライダーは衝突装置。

村山　はい。真っすぐの加速器で、今度は陽子じゃなくて電子を加速しましょうというんです。陽子は先ほど言ったようにお饅頭同士をぶつけるわけですから、ビシャビシャとややこしい。反応には、あんこの中のアズキ同士がぶつかったものが入っているわけですが、そのアズキ同士を直接ぶつけた方が、ヒッグス粒子がどういうものか、スピンがあるのかどうかということは調べやすい。だけど饅頭は投げやすいんですが、アズキの豆だけ投げるのは難しい。しかも小さいものですから、ぶつけにくい。

――すごくぶつけにくそうですね。

村山　それをやりたいというのがリニアコライダー。たまたまアズキをぶつけるためには丸よりも直線の方がよかったから形が違うんですけど、それが大事なんじゃなくて、ぶつけているものが違うというのが大事。電子とその反物質である陽電子を正面衝突させます。

――これもだいぶ前から計画が出ていて、巨額の費用が掛かるから、なかなか具体化しないんですね。

村山　お金が掛かるというのももちろんあります。ざっと言ってLHCと同じぐらいか、もうちょっと掛かるぐらい。でも今までその話が進まなかった理由で一番大きいのは、どういうのを造ったらちゃんと仕事ができるのかがはっきりしなかったことです。LHCがすごくよかったのは、饅頭ですからレンジが広いんですね。バアッと大きく網を掛けて、何かないかなと探すのにはすごくいい実験なんですよ。だけどアズキの豆の方は、大きな網を掛けるにはあまり向いてない。何か見つかって初めて、じゃあ、これをターゲットにやろうよという話になる。ある意味でLHCの結果待ちだったわけ。

――今度ヒッグスの重さはわかりましたと。

村山　そうすると、これを調べるためにはこういう設計にすれば、絶対ちゃんと調べられますというのがはっきりしてきたので、これからたぶん議論が高まると思います。

――これを日本にという話もありますよね。

村山　あります。世界で名乗りを上げているというのは、アメリカのフェルミ研究所というところと、ヨーロッパだったらもちろんセルンもやるかもしれないし、ドイツの研究グループもやりたいということなんですね。フェルミ研究所は、米国最大の加速器テバトロンを持っていましたが、次はリニアコライダーをやりたいとずっと以前から言っていました。日本では東北と九州に候補地があります。

――東北のどこですか。

村山 北上山地。

――九州の方は。

村山 脊振《せふり》山地。

――青函トンネルって話はなかったでしたっけ。

村山 ないと思います（笑）。これは面白いアイデアだ。考えてみましょう（笑）。

――どっちかの山地のやっぱり地下の方に。

村山 ええ。探すときのポイントは、日本は地震国なので、地震が起きても大丈夫なように造らなきゃいけない。しかもこのリニアコライダーってめちゃくちゃなハイテクなんですよ。何十キロメートルも加速してくるじゃないですか。最後は加速してきた電子の集団をぎゅっと絞るんですね。丸い加速器の場合は、回している間何度も何度もぶつかるから、ある意味でそんなに絞らなくてもいいんですけど、直線だと一遍ぶつけたらもう使い回しが利かない。一遍ぶつけるだけで効率がいいようにしようと思うと、むちゃくちゃに絞らないといけないんですよ。

どこまで絞るかというと、原子の大きさ10個分ぐらい。まず、加速してきた電子ビームをそんなに絞れるという技術はすごいことですよね。それはできるはずです。つくばのKEKでやっている今のテストが、世界で今一番いいクオリティーのビームを造っている。だから確かに絞れそうです。次の問題は、絞ったら小さくなっちゃったわけですけど、「どうやってぶつけるの？　こんな小さいもの」ということ。

――ほんとだ。密度を大きくするために小さく絞ったのはいいけど、今度は小さいもの同士をぶつけるという難題に取り組まないといけない。しかも、直線加速器だと一発勝負になる。

村山　すごい難しいんですけれど、コントロールできるんですって。だけどコントロールしようと思っても、コントロールしている間に地面が動いたら怖いですよね。

――そうですね。

村山　だからポイントは、30キロの大きな空間がみんな基本的に一緒に動きますということです。一つの岩になっていますというところだったら大丈夫だ、そういう場所を探すと、日本で一番いいのはその二カ所だということらしいんです。

――九州はどの辺なんでしょうね。

村山 九州は福岡から佐賀にわたるところだって聞きましたね。花崗岩《かこうがん》のわりと堅い岩で、それがしかも途中に断層とかがなくて、何十キロも一つながりになっているところというと限られてくると。

――そういうところって高レベル放射能廃棄物の捨て場にも向いている。

村山 そうかもしれない。

――だけど世界から見たら、日本は地震があるから造れないと言われちゃいますよね。

村山 そういうふうな偏見を持っている人はいると思います。でも相手が科学者の場合は、ちゃんと説明して、ちゃんと計測して、こうこうこういう理由でこれであれば大丈夫だと言うと、納得してくれると思います。でも、政治家に説明しろというと難しいかもしれないですね。

――あとは中国も手を挙げているんじゃなかったでしたっけ。

村山 中国は今のところは手を挙げてないです。だけど中国はやっぱりすごく野心が強いので、できるということになった瞬間、じゃあ、俺がやると言いだす可能性はもちろんあると思います。

――土地が広いですからね、あのお国は。

村山　候補地もいっぱいあります。あと土木工事が安いというのも利点になります。

――アメリカの課題は予算だけですか。

村山　そうですね。アメリカは今すごく予算が付きにくい状況にあるので。

――でも、これから20年間ＬＨＣをやっていくとするとまずはそっちに注力して、と考えるのが自然かなと思いますね。リニアが造れるとしても10年後とか、そんな感じですね。

村山　でも造ること自身に10年かかるので、10年後に欲しいと思ったら今から始めなきゃいけない。

――確かに。どうですか、造れると思いますか。ヒッグスが見つかるかどうかについて、車椅子の物理学者として有名なホーキング博士が「見つからない」方に賭けていたという話があるじゃないですか。ホーキングっていつもそういう、ふつうの考えと反対の方に賭ける癖がありますね。

村山　賭けが好きみたいですね。

――前も何かに賭けて負けましたね。

村山　それはホーキング自身の言った理論で、議論になったのがあるんですよ。ブラックホールというのはきわめて強い重力のために何でものみこんでしまうものですが、ホーキングはここから物質が逃げ出して最終的にブラックホールがなくなる、つまり蒸発する可能性を指摘した。そこで議論が巻き起こったのが、蒸発すると元々ブラックホールに吸い込まれた物質が持っていた情報はどうなるのか、という点。ホーキングは情報もなくなると主張し、そっちに賭けていたんですけど、最近の研究だと情報はちゃんと保たれているという方向が大勢になって。それも負けを認めた。

――そうですか。負けそうな方にあえて賭けているような感じもしないでもないですね。

村山　いや、でもヒッグスが本当にあるかどうかというのは、専門家の間でもかなり長いこと割れていましたよ。

――そうなんですか。

村山　ええ。

――ホーキングは真剣にないと思っていたんですか。

村山　私もヒッグスレス理論というのを提唱したことがあるので。

――そうなんですか。そういえば、昔も（トップクォークがないという）トップレス理論とかあったような気が……（笑）。

村山　いや、それはちょっと聞こえが悪いな（笑）。でも、ヒッグスは顔なしで気持ち悪いというのがあるので、なくて済ませたらその方がいいなって気持ちは結構根強くあった。80年代の初頭ぐらいまで戻ると、私がまだ大学に入る前だからよく知りませんけど、ほぼ二分されていたみたいですよ、あると言う人と、ないと言う人と。

ないと言う人も質量をつくらなきゃいけないから、何かしなきゃいけないんですね。そうするとのっぺらぼうが気持ち悪いわけだから、目鼻立ちのあるスピンを持っている粒子が複数組み合わさって一つの粒子になると、キャンセルしてのっぺらぼうになれる。そういうものじゃないかという説だったんです。ヒッグスみたいな働きをするんだけど、それは素粒子じゃなくてもっと複雑な機構で、という理論が結構言われていたんです。

――　そうなんですか。その説は、今回の実験で否定されたわけですね。

村山　これが本当にヒッグス粒子だったら。

――　え？　今回見つかったのは見た目ヒッグスだけれども、実は複合粒子でしたということが起こりうるんですか？

村山　いや、それはかなり分が悪いですね。

――じゃあ、賭け金は払っちゃうべき？

村山　そうですね。払っていいと思いますけど（笑）。私ももうヒッグスレス理論を主張してない。

――そういうとき、理論屋さんって本当にそう思って考えるのか、主流に逆らうみたいな感じで、「こんなことだって考えられるじゃないか」という形で考えるのか、どっちなんですか。

村山　両方ありますね。やっぱりヒッグスは気持ち悪い。こんな粒子があっていいんだろうかという気持ちが本当にあるわけなので、違う理論を考えたいという気持ちはすごくあります。それと一方、大勢が固まってきたと言っても科学というのは全部しらみつぶしに調べて本当のものを探すんだから、「あえてこっちがあるという可能性も指摘してみよう。ちゃんとその可能性もつぶして初めてこっちを確立する、そういう手続きを踏みましょう」という動機もある。やっぱり両方あると思います。

――「リニアコライダーが日本にできる」に賭けますか。

村山　今たぶん一番可能性が高いのは日本だ、世界中でそう思われています。セルンはLHCをやってこれから20年間忙しいわけですから、ほかのことをやれというのは難しいですよね。アメリカは今いろいろな事情で、財政の問題とか茶会党《ティーパーティー》（「小さな政府」を志向する財政保守の草の根運動）だとか、いろいろな問題があってたぶん大きな予算は付きにくい。やるんなら日本じゃないかというふうに、むしろアメリカ、ヨーロッパから見られています。

――日本の中にいると、日本の政治も経済もぐじゃぐじゃしちゃっていてお金もないし、そんなに大きな装置を造る余裕なんかないでしょうとついつい思いがちですけど、世界的な視野で見るとそういうふうに見られているわけですね。

村山　例えば日本の国債はむしろ上がったりするでしょう。

――そうなんです。

村山　長い間、円高でした。

――そう、それがもう不思議でしょうがなかった。ずっと不景気だったのに、円高なんですから。安倍さんが首相になって円安に振れましたけど。

村山　ともかく日本の経済は信用されているんですよ、そういう意味ではね。

――そうそう、日本人は信用されているんですよ、案外。

村山　中ではもちろんみんな心配なわけだけど。そういうのは相対的なものなんです。

【ティータイム1】ノーベル賞の行方

（高橋真理子）

大発見が生まれると、「ノーベル賞はどうなるか？」が話題になります。平和賞は、2012年に欧州連合（EU）が受賞したことからもわかるように、「団体受賞」が認められていますが、自然科学はあくまで個人のみ。しかも、一度に最大3人までと決まっています。そうすると、発見自体は「ノーベル賞間違いなし」であっても、具体的に誰が受賞するのかについては、そう簡単に予想できません。ヒッグス粒子には何千人もの研究者がかかわっています。さて、一体どうなるのか？　ズバリ、村山さんに予想してもらいました。

村山　実は、ヒッグスさんと同じ時期に似た内容の論文を書いた研究者がほかにもいるんです。ノーベル賞候補で一番強いといわれているのがヒッグスの単名の論文と、アングレールとブラウトというベルギー人ふたりの共著の論文。ブラウトさんは残念ながら2011年に亡くなったので、もうノーベル賞をもらえないですけれど。この二つがたぶん一番有力ですね。アングレールとブラウトさんは1964年6月、ヒッグスさんは1964年8月に論文を出している。

――ヒッグスさんの方が遅いですね。

村山　そうなんです。じゃあ、何でヒッグス粒子と呼ばれるのか。このアングレールとブラウトの論文というのは、真空に何かものがギッチリ詰まっていたら、ものが遅くなって重さをもらって、力が遠くに行かなくなると言った。でも、新しい粒子が見つかりますよとは言ってないんです。

―― なるほど。

村山 ヒッグスさんの論文には、たった一文ですけれど、これが正しかったら新しい粒子が見つかるはずだって書いてある。ここで話がもっと面白くなるのは、ヒッグスさんは最初の論文を投稿したときにはそれを書いてなかったんです。最初はヨーロッパの『フィジックスレターズ』という論文紙に投稿したんですけど、拒否された。

―― 何でだめと言われちゃったんですか。

村山 それはわからないんです。しょうがないからアメリカの雑誌に出したんですね。論文というのは、レフェリーという人が読んで出版に値するかどうか判断するわけなんですけれど、そのときこのままじゃ載せられないと判断された。というのはこのアングレールとブラウトの論文とあまり変わらない、新味がないと。だけど、何か新しいことがあるなら、例えば新しい実験的事実に結び付くのであれば、載せる価値があるだろうとコメントがついた。それで、ヒッグスさんは一文を足して、掲載にこぎつけた。実は、そのレフェリーが南部陽一郎さんだったんです。

―― はい、これまた日本が誇る物理学者で、小林誠、益川敏英さんと一緒に2008年にノーベル賞を受賞されました。大学を卒業して間もなく米国に渡って、そのまま米国に帰化されましたが、日本とはしょっちゅう行き来されています。日本の物理学者は例外なく南部さんを心から尊敬しています。

村山　気になるのは、ヒッグスさんに南部さんがどこまで言ったかです。「あなたの理論は新粒子の発見が予言できるでしょう」とまで言ったといううわさもあるし、単に一般的に「もっと書いたら」と言っただけといううわさもある。どこまでヒッグスさんのアイデアなんだろうか、というのは気になりますよね。

――最初のふたりは新粒子が見つかるという発想はまったくなかったのですか。

村山　いや、それもわからないんですよ。論文には書いてないけど、本人たちは当たり前だと思っていたかもしれないじゃないですか。そこになると文献学ですから、「そこで孔子はいったい何を言いたかったんだろう」とか言って、学者がみんなもめるわけで（笑）。

――でも、ノーベル賞にはヒッグスさんとアングレールさんは当確。

村山　まあ、私はそう思いますけど。

――もう一つ空いている席はどうなるんですか。

村山　まあ、別にふたりでもらってもいいわけですね。

――いいんですけどね。実験した方はどうしようもないんですか、何千人もいると。

村山　たぶん今の実験チームで「この人」というのを決めるのは難しいと思います。

――代表して所長さんとか。

村山　まあ、それはなくはないかもしれないけど。でもセルンの所長さんのロルフ・ホイヤーは、ＬＨＣの実験をずっとやっていた人ではなくて、どっちかというと電子と陽電子をぶつける実験をずっとやっていた人で、ＤＥＳＹっていうドイツの研究所から所長になるために移った人なんですね。だからＬＨＣに貢献した人だというふうには見られていないんです。成功に導いた人だという意味ではすごく評価されていますし、私は素晴らしい人だなと思いますけど。

――実験チームは二つあったわけだから、その一方からひとりだけっていうわけにもいかないでしょうしね。でも、ノーベル委員会は、アッと驚く発想で実験家の誰かを受賞者に選ぶような予感もします。

第2章
光より速いニュートリノの顛末

「お化け」のような素粒子

――2012年はヒッグス粒子が科学ニュースの主役になりましたが、2011年はむしろ「光の速さよりも速い粒子発見か」というニュースの方が大きな話題になりました。今度はこちらの話を伺いましょう。これはそもそもどういう実験だったのですか。

村山　日本では岐阜県の神岡鉱山に地下実験所がありますが、イタリアではグランサッソというローマの郊外に実験所があります。その地下実験所に向かってスイスとフランスの国境にあるセルンからニュートリノを打ち込むという実験です（**図1**）。

――ニュートリノは、小柴昌俊さんがノーベル賞を受けられたときに日本でも一躍有名になりました。電気を帯びていない中性の素粒子で、ほかの素粒子とほとんど反応せずにスカスカ通り抜けるものです。

村山　はい。この実験でやることは単純なんです。セルンからいつ打ったかというのはわかっている。いつ届いたか測ると、どれだけ時間がかかったかがわかる。そして、この間の距離を知っていれば、ニュートリノの速さがわかる。測ってみたら、どうも光の速さよりも速いように見える。これでびっくりしたわけなんです。

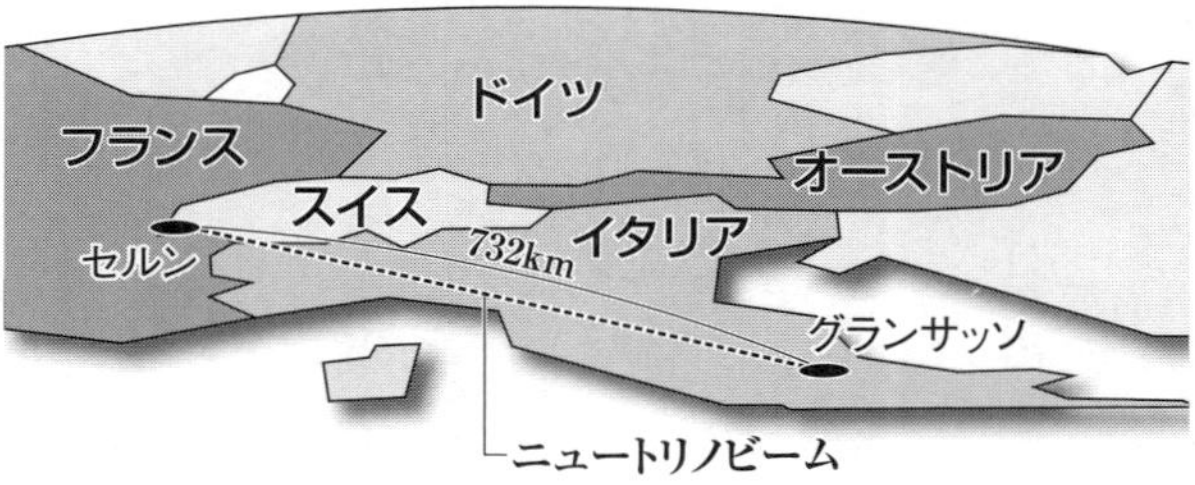

図1　ニュートリノをセルンからグランサッソへ

――ニュートリノは、地中を通していくんですね。

村山　そうなんです。地球の表面は曲がってますから、セルンから真っすぐ打ってしまうと、はるか上空に行ってしまう。届かないわけです。この実験所に打つためには、初めからある程度下に向けて打っておく。こういう実験は、実は日本がパイオニアなんです。つくばの高エネルギー加速器研究機構（KEK）で作ったニュートリノを岐阜県のスーパーカミオカンデに打ち込むという実験が2000年ごろですかね、既にやられていて、ニュートリノにちょっと重さがあるという証拠を確認した。これもすごく偉大な結果でした。そのときにも、少し下に向けて打って、ちゃんと届いた。

――ニュートリノを打ち出すというのは具体的にはどういうことをするんですか。

村山　もともとニュートリノというのは電気を持ってないし、他の粒子とほとんどかかわり合わないお化けのような素粒子ですから、コントロールするのは難しいわけです。こうしている間も私たちの体を毎秒何十兆個のニュートリノが通り抜けているわけなんですけども、全く気が付かない。

――お化けというのは、そういうふうに、スースーどこでも出入りしちゃうという意味ですね。

村山 ええ。宇宙中どこにでもあるんです。宇宙の何もないように見えるところに行っても、角砂糖1個の体積あたり300個ぐらいのニュートリノがある。ビッグバンでニュートリノがたくさんできたんです。それが今もウヨウヨしてるはずなんですけど、全然気が付かない。

――その意味では、ちょっとヒッグスに似ている。

村山 でも、ニュートリノはスピンを持っているところが、ヒッグスとは違う。それから、ニュートリノはほとんど反応しませんので、ほかの粒子を小突きません。

――なるほど、そういう意味では全然違いますね。そういう大人しい粒子をどうやったらドーンと打ち出せるんですか。

村山 コントロールできるものをまず使います。セルンの場合には陽子を使います。陽子を加速してグラファイトなどの標的に当てると、ビシャビシャビシャッといろんなものが出てくる。そこで特に大事なのは、湯川秀樹さんが提唱したπ（パイ）中間子という粒子です。それが壊れるとニュートリノが出る。もともと陽子をガンとぶつけるんですけども、いずれニュートリノがたくさん出てくるというわけです。

――そうやって、ニュートリノがたくさんこっちに届きますと。そうすると、光の速さは0・0024秒なのに、着いたニュートリノは、0・000000065秒だけ速かったという結果が発表されたのでした。そもそもこんな短い時間をちゃんと測れるんですか。

村山　皆さん測ってるんですよ。

――え？

村山　皆さんが自宅でお使いのパソコン、最近は、例えば、CPUは1ギガヘルツとかいって、当たり前にそういうコンピューターを売っています。1ギガヘルツというのは、0・000000001秒ごとに計算をしてますから、これよりもはるかに細かい時間を測ってるんです。

――ギガというのは10億ですね。

村山　そうです。10億分の1秒をちゃんと測ってる。

――10億分の1秒ずつ動いてるパソコンをわれわれは使っている。

村山　ええ。それに比べたらずっと大きな数ですから。現代のエレクトロニクスでは、このぐらいの時間を測るのはある意味で当たり前なんです。

——へえー。この発表は間違いだったと私たちはもう知っているわけですが、もし本当だったらアインシュタインの相対性理論を破ると大騒ぎになった。

村山　当然でしょうね。アインシュタインの相対性理論というのは、今の私たちの宇宙の理解、現代物理学の二本柱の一つなんです。もう一つはミクロの世界を扱う量子力学ですね。相対性理論というのは、どっちかというと、特に大きいものを扱う物理学ですけれども、その二本柱の上に巨大な建造物ができている。もしこの実験結果が本当だとすると、この一本の柱がいきなり崩れちゃう。今の物理学がガラガラガラと全部壊れちゃうような、そういう、ちょっと怖いような、面白いような話でした。

相対性理論とタイムマシン

——必ず言われたのが、本当ならタイムマシンができるんだという話。その理屈をちょっと説明していただけますか。

村山　そもそもこれはアインシュタイン自身が言ったことなんですけども、「光よりも速い粒子があると、過去に電報を送れる」ということなんです。タイムマシンというと、人間が昔に戻れるというふうに思うわけですけども、人間は送れないかもしれないです。でも、情報は送れるかもしれない。情報を過去に送れたら、それは時間をさかのぼることだからタイムマシンといえる。どういうことか。今、セルンから打ったニュートリノが、グランサッソ研究所に着くときに、光よりもほんのちょっと早く着いたということを言ってるわけです。アインシュタインの相対性理論というのは、名前どおり相対性理論ですから、いろんな人の見方の違いを比較しましょうという、そういう理論なわけです。止まっている人から見ると、このコップは止まって見えます。私が走ると、私から見たらこのコップが走っているように見える。

——後ろに走ってるように見えますね。

村山　動いてる電車から見ると、止まってる人がすごいスピードで走ってるように見えるというわけですから、違う物の見方をしたときにどういうふうに違って見えるかというのを教えてくれるわけなんです。ですから、私たちから見ると、セルンの加速器はちゃんと止まってて、打った先のグランサッソも止まってるわけなんですけども、これを走ってる人から見たらどうなるか。走ってる人から見ると、この０・００２４秒が、だんだん、もうちょっと早く着いたように見えるわけです。

――え、ちょっと待って、どっちの方向に走ってるの?

村山　ニュートリノを打ちますよね、それを追いかけてる人というのがいるとします。追いかけてる人から見ると、一生懸命走ってますから、最初に思った時間よりも、もっと早く着いたようにその人は思うんです。これはアインシュタインの相対性理論のすごく不思議なところですけれども、時間の長さというのが、見る人によって伸びたり縮んだりして見える。だから、ニュートリノを追っかけてる人から見ると、0・0024秒よりももう少し早く着いたように見えるんです。もっと速く走った人から見ると、もっと短く、時間がたってないように見える。ものすごく速く走ってる人から見ると、実は、打った瞬間に着いちゃったように見えるわけなんです。ですから、0・0024秒かかるはずなのに、ほとんど時間がかからないように見える。その瞬間に着いちゃったように見える。それを追い越すと、マイナスの時間で着いたように見える。つまり、打ったはずの時間よりも、その前にもう着いたように見えちゃうんです。

――えっと、セルンからグランサッソに人が走る。光の速さとほとんど同じ速さで走ったとすると、その人にとっては一瞬で光がグランサッソに着いたように見える。

村山　ええ。

――そういうことですね。自分もグランサッソに着いちゃったから。

村山　ええ。それよりももっとさらに速く走ると、同じ瞬間に着いちゃったように見えたよりももっと速く走りますから、ニュートリノが出たよりもニュートリノが着いたほうが先だというふうに見えるわけなんです。ですから、過去に信号を送れたということになりますね。

――ニュートリノを出すより先に着いていた。

村山　ニュートリノが着いちゃった。これはやっぱり、あっちゃまずいわけです。そんなことが。

――あっちゃまずいことですよね、それはやっぱり。

村山　ええ。原因よりも結果のほうが先に起きるといってるわけですから、本当にパラドックスが起きるわけです。よくSF映画で過去に行ってしまって、例えば、『バック・トゥ・ザ・フューチャー』という映画だと、自分のお父さんとお母さんが出会うのを邪魔されそうになってる。これが邪魔されたら自分の存在が危ういといって大騒ぎになるわけですけども、そういうふうに原因を変えることができるようになったら、これは本当にまずい。因果律が壊れてしまいます。ですから、普通は、過去に影響を与えてはいけないと思うわけです。そうすると、相対性理論を信じる限り、光より速いものがあってはまずいんだというふうに考えていたわけです。

――相対性理論と因果律は別の話。

村山 ええ。「相対性理論」と「因果律は破れない」と「光より速いものがある」という三つの条件を同時に満たすことはできない。

――因果律は誰でも信じますよ。常識の話ですよ。

村山 そうですよね。

――だからそこは全然難しくない。原因の後に結果が出るというのは当然です。

村山 その因果律を信じるとしたら、「タイムマシンは不可能」ということになります。そうなると、相対性理論を信じるか、光より速いものがあるということを信じるか、どっちかです。両方はだめなんです。二者択一です。両方は取れません。

――これがもし試験問題に出たら、それはニュートリノの実験結果が間違っているというのに丸をします。

村山 でも、間違っているんだったら何が間違ってるかがはっきりわからないといけない

「どれか一つが間違っている」

アインシュタイン（相対性理論）

ニュートリノの実験結果

タイムマシンは不可能

ですよね。この実験グループはすごく真面目にちゃんとやったんです。一番難しいことの一つは、打ったタイミングと、捕まったタイミングを比べるのに両方の時計をちゃんと合わせておかないといけないことですよね。10億分の1秒は簡単に測れるわけなんですけども、その精度で732キロメートル離れた二つの時計をちゃんと合わせるのはなかなか大変なことなんです。それから、もし、実験装置の場所が1メートルぐらいずれてたら、3ナノ秒ぐらい答えがずれちゃいますから、距離をちゃんと測れているんだろうかも気になります。

―― 時計を合わせるって、やっぱり、そこも光を発射して調べるしかないんじゃないですか。

村山　うん。ところが、地球は曲がってますから、セルンからグランサッソに光を打ち込んでも途中で止まっちゃいますよね。

――ニュートリノだから行くけれども。

村山 ええ。ニュートリノを使うのはすごいミソなんです。ニュートリノだから地球上のどこからどこにでも打てるわけなんですけども、光は打てないです。空中に打ったら宇宙空間に行っちゃいますし、地下に打ったら地球に邪魔されて先にいかない。しようがないので、人工衛星を使う。カーナビと同じ、GPSの衛星を使って、そこからくる信号をセルンでも受ける、グランサッソでも受ける。それを比較してなんとか時計を合わせようとするわけなんですけれども、GPSの精度では足りないんです。工夫して精度を上げて時計を合わせるという、なかなか凝ったことをやらないといけない。

――GPSからの距離の測り方というのも問題にはならないんですか。

村山 それももちろん心配ですけども、カーナビはちゃんと機能してるじゃないですか。GPSの人工衛星は1個だけの信号を使うわけじゃなくて、少なくとも四つの衛星から来る信号に合わせて割り出してるわけなんです。この場合でも、セルンでは、四つ、五つのGPSの信号をちゃんと受けます。グランサッソのほうでもその信号を受けます。ここでまたちょっと心配になるのは、グランサッソの研究所は地下にありますから、GPSの信号が来ない。山の上で受けて、そこから光ファイバーでその信号を送っていって調べるということをやらなきゃいけない。

――そうやって、苦労して出した結果でしたが、結局、コネクターの部分が緩んでいたという、いささかお粗末なミスだったことがわかりました。

村山　はっきり間違いだったと宣言したのは、2012年6月に京都で開かれたニュートリノ・宇宙物理国際会議の場でしたね。

――そこに行かれたんですよね。

村山　ええ、行っていました。

――間違いらしいという話はもっと前から流れていました。

村山　接触不良が原因かもしれないというのは、いつだったかな、たぶん1月ぐらいでしたかね、ちょっとうわさが流れた。うわさが流れた後で、セルンからも正式に記者発表があって、これが原因かもしれないと言いました。

――その時点では「かもしれない」。

村山　「かもしれない」と言った理由ははっきりしていて、最初に実験を始めたころは接触不良がなかったことが確認されている。いつからそういう状態になったのかは、途中でチェックしてないのでわからないというわけなんですよ。だから光速を超えたとなったときに、そのときにもう緩んでいたのか、その後で緩んだのか、きちんと締め直してもう一遍やってみないとわからない。

しかし、もともとこれは副産物で、このために実験をやったわけじゃなかったわけですね。OPERAという実験で、名古屋大学がずいぶん活躍していますけれども、ニュートリノ振動を調べる実験だったんです。

――ニュートリノ振動というのは、3種類あるニュートリノが仲間同士で変身する現象のことですね。a、b、cという3種類だとすると、ニュートリノaがニュートリノbになったり、bがcになったりする。ニュートリノに質量があるとニュートリノ振動が起きると理論的に予言されていて、スーパーカミオカンデの実験で確かに起きていると確定された。さらに詳しく調べてニュートリノの性質をもっと暴こうとする実験が各地で進められています。

村山　はい。セルンとグランサッソを使って実験しているのがOPERAです。これもLHCと同じように、ともかくたくさん強度をつぎ込んで何とか数を稼ぎたい。ところが、その方針は光速を超えたかどうかという実験に適してないんです。どうしてかというと、ニュートリノビームを出すには標的に加速した陽子をガンと当ててやるわけですが、強度を上げるためにはしばらくの間ずっと当て続ける必要がある。そうやってできるだけ数を稼ぐ。いったんオフにして、またしばらくオンを続ける。だけどしばらく続いているビームだと、いつ打ち出したかのタイミングがわかりにくいですね。タイミングを出すためにはポン、ポン、ポン、ポンという、そういう途切れ途切れのビームの方が、タイミングがはっきりする。それを、OPERA実験のほかの人は本当はやりたくないわけなんですよ。

——ああ、そうか。ニュートリノ振動を調べるためには持続した方がいい。光速を超えているかどうかを調べるためには途切れ途切れの信号の方がいい。

村山　結論を下すには、それをわざわざやらないといけない。接触不良が見つかって直しました。これでもう再実験の態勢は万全です。しばらく待って初めてそのポン、ポンというビームをやってみて、その結果が6月に発表された。だから原因がこれじゃないかなということはいわれていたけれど、それを直した後でもう一遍測定した。

——その手続きが必要だった。

村山　それで、やっと答えが出ましたというわけなんです。

——その前に実験の責任者が辞めちゃったんですよね。

村山　そこら辺の経緯は私はよく知らないです。辞めちゃうというのは別にそんなに極端なことでもないかもしれない。実験グループのリーダーというのは定期的にだいたい替わるんですね。それはグループによるから、このグループがどうかは知りませんけれど、実験グループの中の選挙で選んで、任期があったりする。

――学級委員みたいなもの。

村山　まあ、そうですね。学級委員よりはかなりパワーがあると思うんだけれども（笑）。それだったのかもしれないし、そこら辺の事情は知りません。

――でも、いわば初歩的なミスで、これだけ世界的な話題をつくってしまったという責任を取ったと思うのが普通の感覚です。

村山　もしかしたらそういうのもあったのかもしれません。でも、逆によかったかなと思うのは、科学って間違えることもあるわけだけど、ちゃんとやっていくと最終的に正しい答えがはっきりしてくる。そのプロセスを見る機会というのは、たぶん普通の人にそうはないんじゃないかと思うんですよ。たいていの場合は実験グループの中で、「あれ？　これ、何かすごいよ」ということになっても、中で調べて決着がついて、そういうのは外に出てこない。

理論でも間違った結果ってしょっちゅうあって、いろいろ間違って、直して、やっとある程度確信が持てたら発表するというのが普通です。今回、そういうプロセスが、たまたま、いい形じゃなかったかもしれないけれど出て、みんな、「ああ、そういうものなのか」と印象づけられたのは、それはそれでよかったなという気もするんです。

——おっしゃる通りですね。この話だからみんな関心を持ったんですよね、タイムマシンができるぞって。それで、物理の常識とは合わないけれど、そういうデータが出たんだから、まあ、皆さんで考えてくださいということで発表した。そして、もう一度ちゃんと実験をやるという過程を見せたのはよかった。

村山 そんなにひんしゅくを買ってなかったんじゃないですか。どうなのかよくわからないけど。

——ひんしゅくは買わないのかな。いやいや、我々は面白がっていたと思いますよ。むしろ科学者の社会の中で……。

村山 ちょっと情けないとは思いましたけどね（笑）。

——何であんなの発表するんだとか、しかも結末がこういうことだったということで、セルンに対する批判が高まったんじゃないんですかね。

村山 歴史的には間違った結果というのはそれなりにポンポン出ている。ここまで注目を浴びることはめったにないですけれども、騒いだ上やっぱり間違いだったというのは結構ありますね。

――そういえばありましたね。私、コマが右回りに回ると軽くなるというのを覚えています。

村山　聞いたことあるけど。

――あるでしょう。そういう論文が出たんです。量子力学の世界の話じゃなくて、私たちが手に取れるコマの話ですよ。世界中の新聞記事になりました。私も『科学朝日』に記事を書いたので、後ほどお茶を飲みながら（125ページ、【ティータイム2】）ご紹介しましょう。

村山　あと一番話題になったのはコールドフュージョン、日本語では低温核融合ですか。あれもまったく間違いだったと思うけれど。

――あれの関心のもたれ方は、超光速ニュートリノと全然違う意味での……

村山　エネルギーとして使えるかもしれない。

――そうそう。核融合というのは、高温高圧にしないと起きないんですが、英国のフライシュマンと米国のポンズが水素をよく吸う金属を電極にして水の電気分解をしたら過剰な熱が出て、核融合が起きたとしか考えられないと言った。低温といっても冷たく冷やすわけではなくて、特段高温にしないというだけ。だから常温核融合とか室温核融合とか、試験管核融合とも呼ばれました。もしこれが本当なら、簡単にエネルギーが得られるので、関心がぱっと高まって、世界中で実験した人がたくさん出た。マスコミも大騒ぎしました。まあ、尻すぼみでしたね。これはきちんと間違いでしたという宣言はなかったですよね。

村山　今まではないと思いますね。戸塚洋二さんがカミオカンデで検証しようとして、結局見つからなかったけれど。

——戸塚洋二さんは小柴さんの後継者で、スーパーカミオカンデでニュートリノに質量があると示した方。ノーベル賞の呼び声も高かったけれど、大腸がんのために66歳で2008年にお亡くなりになりました。低温核融合のときは、米国のジョーンズ博士にカミオカンデを使って実験したらと持ちかけたんですね。ジョーンズさんは、言いだしっぺの二人と同様の実験をして、熱はそれほど出ないけれど中性子は出たと主張した人です。中性子が出たとなれば核融合が起きている直接的な証拠になります。それを検出するのに地下実験施設は向いている。余計な粒子が遮られていますから。それで共同研究をしたわけですが、中性子は出たとしてもごく微量という結果で、核融合が起きている証拠は得られなかった。でも、ひょっとしたら低温核融合ができるかもしれないと思っている人は今もいる。

村山　あれを始めた人は、会社をつくってまだやっているらしいですから。

――やっぱり。

村山　本人は信じているんでしょうね。

――そうなんですよ。日本でもそういう研究所ができて、私も取材に行きました。だから実験をやっている方は、もう世紀の大発見だと信じているんですよ。追試した人から「間違い」と言われてもご本人は正しいと思っているという例はたくさんあります。でも、今回みたいにクリアに「すみません、間違えました」と言うのはめったにない（笑）。

村山　そうかもしれないです。逆に、だから潔くて偉いんじゃないですか（笑）。

――偉いです（笑）。そういう意味では、セルンは株をあげたのかな。

【ティータイム2】右回りのコマは軽くなる？

（高橋真理子）

「右回りのコマは軽くなる」と主張する論文が載ったのは、物理学専門雑誌『フィジカル・レビュー・レターズ』1989年12月18日号でした。執筆したのは東北大学工学部の早坂秀雄博士。大方の物理学者の受け止め方は「そんなバカな」でした。私自身もそう思いました。ところが東北大に取材に行くと、早坂さんは「実験には7年かけた。雑誌のレフェリーとは1年半にもわたってやり取りし、簡単に思いつくようなことはすべてチェック済みです」と、揺るぎない自信を持っているのでした。

実験装置は単純です。天秤の片方に分銅を、もう片方に真空容器入りのジャイロを載せる。ジャイロというのは、簡単にいえば電動コマです。飛行機の姿勢を検出する装置などに利用されています。実験に使ったジャイロは極細リード線でモーターにつながっていて、モーターでジャイロを回したあと、電源を切って重さを測る。「左回りのときは重さは一定だったが、右回りのときは回転数が上がるにつれて軽くなった」というのが早坂さんの実験結果でした。

しかし、これを否定する追試結果が次々出てきました。1月下旬には、多くの重力実験を手がけてきた米国コロラド大のファーラー教授が「どちらも変わらない」と速報、7月下旬には工業技術院計量研究所のグループが30キログラムを0・1ミリグラムの精度で測れる、つまり30・000000キロと30・000001キロの差が検出できる天秤を使い、「質量変動なし」という結果を出しました。東大原子核研究所のグループも手作り装置で追試し、「変化なし」という結論を得ました。岡山県の高校の物理の先生たちのグループも追試をして、やはり同じ結論に到達しました。私は『科学朝日』1990年12月号に記事を書くために東北大学に電話しましたが、早坂さんは体調を崩して休んでいるとのことで、話を聞けませんでした。

第3章
不確定性原理と「科学者の降参」

書き換えられた不等式

——ヒッグスの陰に隠れてしまった感がありますが、実は物理学の基礎をめぐるもう一つの大きなニュースが2012年に日本から出てきました。不確定性原理が書き換えられた、というものです。不確定性原理は、先ほど村山さんが現代物理学の二本の柱とおっしゃったうちの相対性理論じゃない方、つまり量子力学の屋台骨です。不確定性原理って、その言葉だけでも素人にすごく魅力的に響く。世の中不確定なんだァ、それが物理の基本として証明されちゃったんだァと、それぞれ自分に引き付けて理解しているんじゃないかと思います。実際、この原理は物理の世界を飛び出て、哲学はもちろん、いわゆる文科系の学問をやっている人たちにも多くの影響を与えてきました。

これを最初に言いだしたのが、ハイゼンベルクというドイツの天才。確か23歳で、当時誰もできなかった量子力学の体系的理論を考え出した。そして、26歳で不確定性原理を発見した。確定できない度合いを表すのが、ハイゼンベルクの不等式です。その由緒ある数式がこのたび、名古屋大学の小澤正直さんによって書き換えられた（**図1**）。書き換えた式は2003年に明らかにされていたのですが、その正しさがウィーン工科大学の長谷川

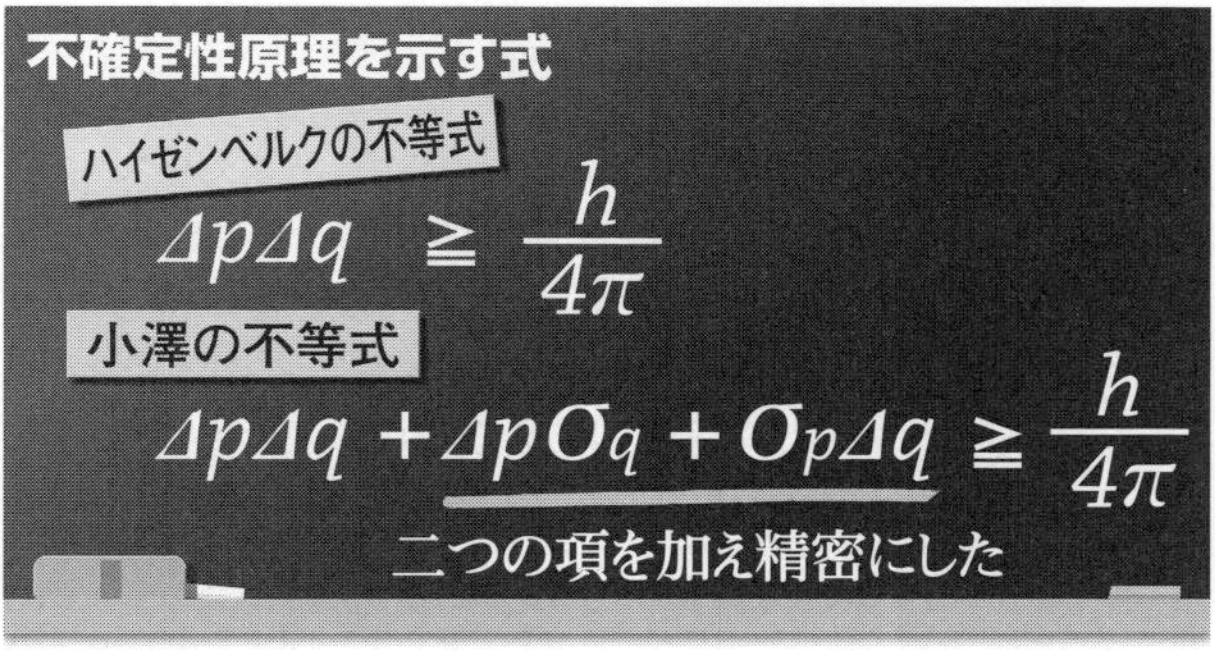

図1

祐司博士らによる実験で証明されたという発表が２０１２年１月にありました。まずは、エッ、不確定性原理が間違っていたの？　というのが驚きですね。２番目にそれを日本人が見つけたということが嬉しい驚きですけれども。この小澤さんの研究成果は、村山さんはどうご覧になっているんでしょうか。

村山　研究成果としては素晴らしいと思います。ハイゼンベルクが言った不確定性関係というのは、何と言ったらいいのかな、そもそも何か小さな粒を持ってきたときに、それがどこにあるかというのと、どういうふうに動いているかというのは、当たり前のように両方考えていいと思ったわけですが、ハイゼンベルクが言いだしたのは、じゃあ、測ってみると考えてみなさいと。どこにあるか測ろうと思うと、測るための何かを持ち込まないと測れないでしょ。普通は、例えば光を当てて場所を見る。本当に小さい粒ですから、光を当てたらすっ飛ばされちゃって、どのくらいの速さだったのかわからなくなりますよね。ミクロの世界では、そこら辺をちゃんと考えなきゃいけないということを言ったわけですね。

——はい、位置と速度を同時に正確に測ることはできない。位置を正確に測ろうとすれば、速度のブレが大きくなる。速度を正確に測ろうとすれば、位置のブレが大きくなる。両方のブレを掛け算すると、いつでも一定の値以上になる、というのが不確定性原理です。一定の値以上になるというのを表すのは不等式ですから、これをハイゼンベルクの不等式と呼ぶわけですね。ブレをゼロにすることはできないし、一方のブレを限りなくゼロに近づけると、その分、もう一方のブレは大きくなってしまう。ただし、その一定の値というのは、我々の常識からすればとても小さい値ですが。

村山　だけども、ハイゼンベルクは、その測るプロセスをきちんと詰めて考えていなかった。だいたい大ざっぱに、こういうことをやったらこのぐらいぼやけますよということを言ったにとどまっていたんですね。

小澤さんが偉かったのは、もっとそこをちゃんと考えなきゃいけないと気が付いたこと。今のテクノロジーはすごく進歩していますから、きわめて小さいものを精密に測ることが本当にできるようになっている。実際に測るというプロセスも含めて考えて、きちんと定式化しなきゃいけないんだと言って、「小澤の不等式」というのを作った。

それを実験で調べてみると、一見ハイゼンベルクの言った答えが間違っていたと見えるというわけなんです。でも、それは別に量子力学が間違っていたということじゃない。小澤さんがやったのは、量子力学をちゃんと使って、正しく誤差というのを定義して、実験で測ったらどうなるかを見せた。確かにハイゼンベルクが間違っているように見える答えになるんだけれど、むしろ量子力学とはこういうものなんだと確認したものだと思います。

――不確定性というのは二つの意味があるんだと聞いたんです。要するに、位置を測定しようとすると、速度が動いちゃうし、速度を測ろうとすると位置が測れないという、測定にかかわる不確定性と、そもそも本質的に粒子であり波でもあるから、両方を同時に決めることはもとよりできないんだという不確定性。その二つの不確定性は別物であるという理解でいいんでしょうか。

村山　うん、それでいいと思います。もちろん、二つはすごく関係はしていますけど。そもそも量子力学というのは、禅問答のように、小さな粒は実は波なんだ、波は実は粒なんだと変なことを言う学問です。それでも、これが本当に今の物理学の柱になっている。例えば原子の中で電子はグルグル回っているというイメージを普通持ちますよね。惑星が太陽の周りを回っているように、電子という粒が原子核の周りを回っている、と。そうしたらどの瞬間を見てもちゃんと場所があって動きも決まっていると思うわけなんですけれど、量子力学が言うのは、「いや、そうじゃないんだ。電子は実は波なので、どこかにある瞬間にいるんじゃなくて、ベロンと広がったような、雲のようなものなんだ」。雲のようなものだと言った瞬間に場所は決まってないから、場所は不確定です。どこに動いているのかもよくわからないから、動きも不確定です。それがハイゼンベルク流の見方です。

そこで小澤さん流のやり方というのは、「確かにベロンと広がっているんだけど、ある瞬間に捕まえて場所を測ろうとしてみなさい。そうすると、この場所をどのくらいの精度で測れるか。運動をどのくらいの精度で測れるか。それはもともとどういうふうに広がっていたかとは別問題として、どこまで測れるかという問題をちゃんと考えることができるはずだ。それをちゃんとやりました」と言っているわけですね。

――どこまで測れるかって究極まで突き詰めてみると、結構測れたということなんですね。

村山　そうなんです。それで一見ハイゼンベルクの間違いだというふうに見えました。

――ハイゼンベルクはそんなものは測れないと言っていたのに、測れたじゃないかということだったんだ。でも……

村山　ハイゼンベルクはどこまで測れるかというところをちゃんと詰めて言ったわけじゃなくて、ものの性質としてこれだけ不確定性がなきゃいけないんだということを言った。

――その本質的な部分は変わらないということですね。

村山　ええ。それを一番よく示しているのが、日立製作所の外村彰《とのむらあきら》さんの実験です。最近お亡くなりになって、本当に残念でした。

――はい。電子線ホログラフィー顕微鏡という新しい装置を開発して、それまで見ることのできなかったミクロの不思議な世界を次々と目に見えるようにした方です。ホログラフィーというのは、立体像を作り出す技術として皆さんご存じだと思いますが、それを電子顕微鏡に応用したんですね。２０１２年、より強力な顕微鏡を開発するプロジェクトに取り組んでいる最中に、すい臓がんでお亡くなりになりました。70歳でした。

世界で一番美しい実験

村山　その外村さんが80年代にやって見せたのは、壁に穴が二つ空いていて、その壁に電

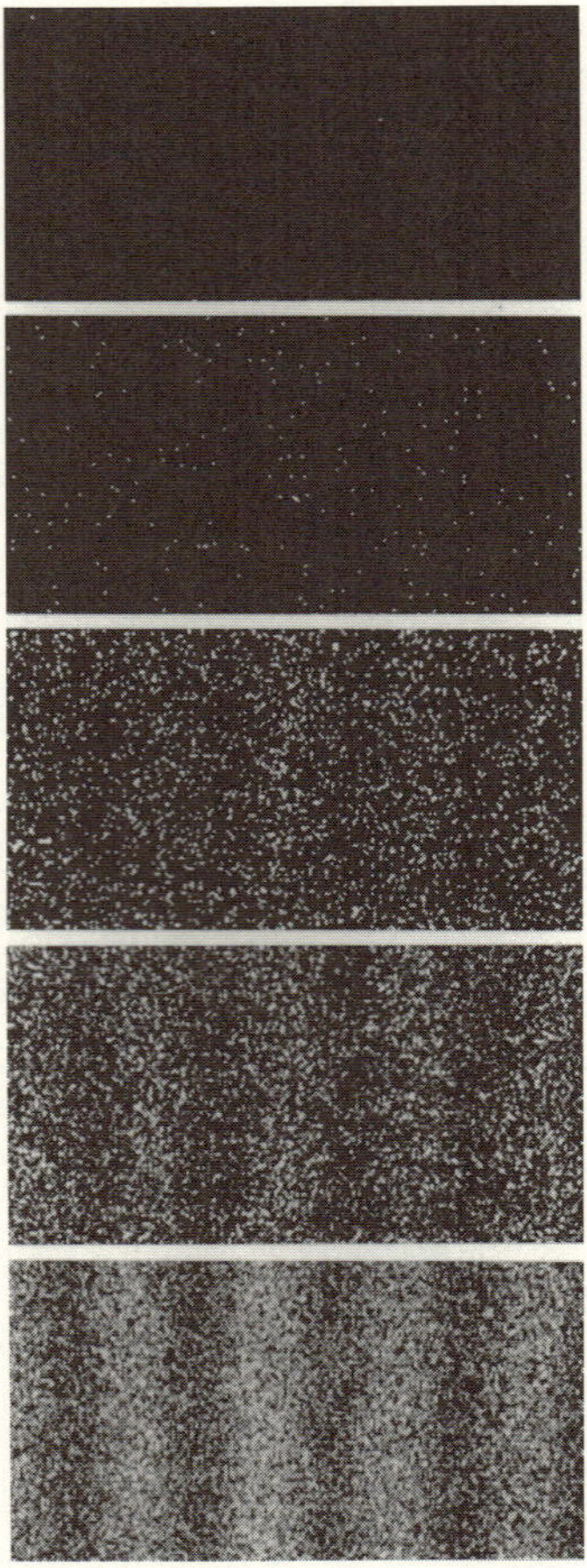
写真1　電子線ホログラフィー顕微鏡を使った実験（日立製作所提供）

子を1個ずつ適当に打ち込むという実験です（**写真1、図2**）。向こう側にはスクリーンがある。バンバンバンと打ち込むと、スクリーン上では二つの穴の先だけにたくさん来るだろうと普通は思う。実際にやってみると、最初はポツン、ポツンとスクリーンに到着していく。ポツン、ポツン。毎回てんでばらばらなところに打ってくるので、規則性なんか何もないように見える。だけどこれ、しばらくやっていると、だんだん規則性が見えてきます。と言っても山が二つできるというような規則性にはならなくて、まだら模様が見え

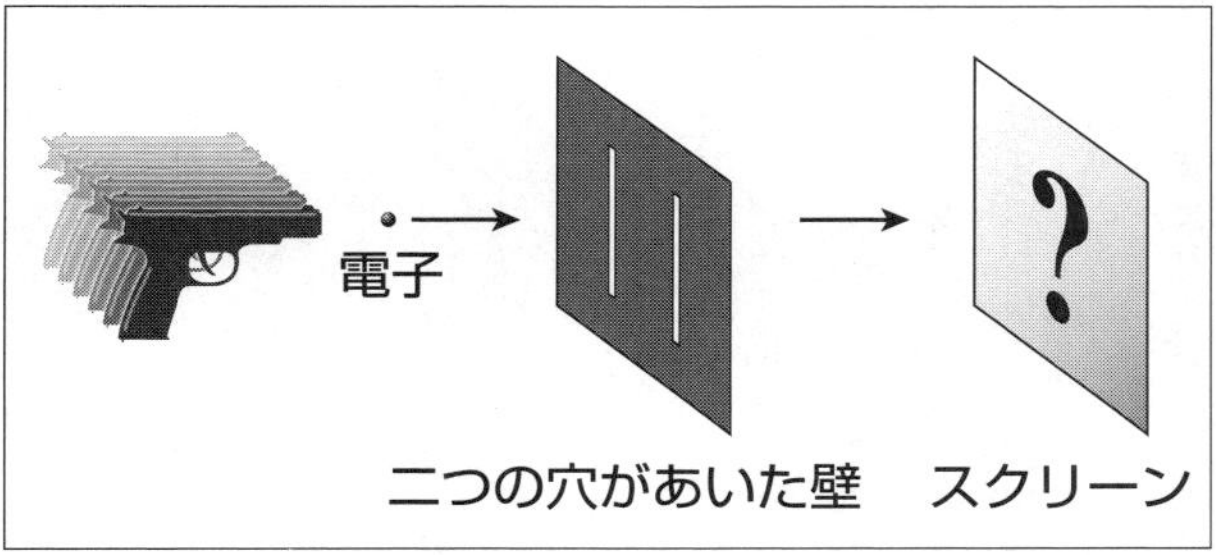

図2

てくる。縦縞が見えてくる。

——私、外村さんがこの実験をやったばかりのときに日立の中央研究所でこのビデオを見せてもらったんですよ。本当に、心の底から不思議だと思った。だって電子は一つずつ穴を通っているんですよ。外村さんが開発した電子顕微鏡は、電子を1粒ずつ打ち出せる。そこがすごいところなんですが、ともかく1粒打つと、スクリーンに1粒届く。それがたまっていくと、縦縞つまり干渉縞が見えてくる。波が二つの穴を通るとその先で強め合う部分と弱めあう部分ができるというのは、高校の物理で習いました。波の干渉ですね。たとえば、光を二つの穴に通すと、その先のスクリーンでは明るいところと暗いところが縞模様になる。池に二つ石を落としても、波が重なり合う様子はわかります。重なり合うことイコール干渉ですね。でも、ポツン、ポツンと一つずつ電子がスクリーンに届いていて、それで結果的にこういうふうに干渉縞が見えるってどういうことなんだろう。電子がたくさん一遍に穴を通るなら、そりゃ干渉縞もできるだろうと思うけど、1人の電子さんは、穴を通っているときにいったい何と干渉しているのか。

村山　自分と干渉している（笑）。

――そうか。それにしても徐々にシマシマが現れてくるのが不思議でしょうがなかった。

村山　この実験ですごく不思議なことは二つあって。まず電子が壁の向こうに行くときに、左と右の穴のどちらかを通ったと決まっていたらこういう縞はできない。電子がどっちの穴を通ったかはわかりません。本質的にわからないんです。それがこのハイゼンベルクの不確定性の一部になるわけですね。

そして、わからないというのは単にわからないのではなく、一つの電子が、どっちも同時に通っているからなんです。電子はなぜか、粒のくせに左の穴も右の穴も両方通っているんだというのがまずびっくりすることです。ここを同時に通った結果、ここにシマシマができるのはいいとしても、そのシマシマが今度このスクリーンにぶつかった瞬間にどこか一カ所の粒になっちゃうという、それがまたこれ、よくわからない。波だったら波のまま一遍に縞ができるならまだいいんだけれども、ぶつかったら電子の居場所がどこかに決まっちゃうんだ。粒が両方通るというのは波なのかなと。でもぶつかったらどこかで決まっちゃうということは粒かな？　どっちなんだ――。そういう話ですよね。

――本当、そうですよ。

村山　この外村さんの実験は、世界で一番美しい実験に選ばれているんですね。

――正確に言うと、「1個の電子による二重スリット実験」が選ばれたんです。米国の『フィジックス・ワールド』誌で「歴史上もっとも美しい実験は何か」という問いかけがあって、読者投票でこれが最高得点を得たんですね。2位はガリレオがピサの斜塔でやったといわれている落下実験。2位以下はこのガリレオの実験とか、ニュートンのプリズム実験とか、フーコーの振り子実験など、だれがやった実験かはっきりしてるんですけど、1位の実験は関係者が多くて「誰さんの実験」というふうにはなっていません。最初はファインマンが「こういう実験をやればスクリーンにシマシマが現れる」と言ったんですね。ファイマンというのは、朝永振一郎先生と同時にノーベル賞をもらった人で、私が見るところ物理学者はみんな彼のことを大好きですね。新聞社的には、スペースシャトルチャレンジャー事故（1986年）の事故調査委員として、打ち上げ直後に空中爆発したのはO《オー》リングというゴムの輪っかが冬の低温のために柔軟性を失い、そこから燃料が漏れたからだと喝破した業績で知られます。そのファインマンが量子力学を説明するためにこの例を示したんですね。電子を二重スリットに通すと干渉縞が現れる、と。でも、「とんでもなく小さな装置を作らなければならないから、実際にやるのは無理だ」とも言っていた。ところが、実験家たちが次々に取り組んで、電子の干渉パターンを見せることに成功する。最初はドイツ人の大学院生、次はイタリアの若手研究者グループ。そして、最後にもっとも完璧に、もっとも美しく、やって見せたのが外村さんでした。外村さんが高性能の電子顕微鏡を開発したからこそ可能になったことだった。

でも、イタリアの研究所のＷＥＢサイト（http://l-esperimento-piu-bello-della-fisica.bo.imm.cnr.it/english/index.html）を見ると、この読者投票の結果を紹介する動画があって、ガリレオの肖像画とピサの斜塔が描かれたカードの次に「そして、優勝者は……」と出て、イタリア人３人がにっこり笑った写真が現れるんですよ（笑）。そこには彼らが撮った電子の干渉縞もついているのですが、これは圧倒的に外村さんの方が美しい。少なくとも、イタリア人以外はみなそう思うはずです。だから、外村さんの実験が「歴史上一番美しい」と声を大にして言っていいと思います。電子の不思議さをこれほど直接的に見せてくれるものはありません。

村山　有名な朝永振一郎さんの書いた『光子の裁判』というのがありますよね。光子というのはコウシ、光の粒ですが、漢字で読むと光子《みつこ》になる。犯罪が起きる。普通は誰々がどこかにいたってアリバイがあったら、この人は無罪だということになるわけなんだけれども、光子さんに限ってはなぜかここにもあそこにも同時にいることができるんだと。量子力学ですから。どうやってアリバイを証明するんだという、そういう仕立てになっているわけで、それ以上言うとこれから読む人にはかわいそうだから言わないことにして。そういう変なことが起こるのが、ハイゼンベルク流の不確定性の本質ですね。

だけど小澤流は、じゃあ、ぶつかったときに場所が決まるというメカニズムはそもそも何なんだろうと考える。どのぐらいの精度で場所というのは決まっているんだろうか。そこまでやっぱり考えなきゃいけないというところまでいったのは小澤さんの偉いところです。そうすると実際に測ったときにどこまで厳密に精度が出るか、やってみたら、きちんと不等式が証明できましたと。この不等式は今回の実験でも確かに満たされている。

――小澤さんの不等式の方が長いんですけれども（笑）。

村山　長いですね（笑）。

――これからは、長い方が教科書に載るんですかね。

村山　まあ、載るんでしょうね。たぶん量子力学の最初の教科書に載ってなくて、もうちょっと専門的になった教科書では、ハイゼンベルクでこう習ったかもしれないけど、実際の実験誤差はこの式を満たすんですよみたいに、たぶん二段構えになるんだと思いますけど。

――じゃあ、「教科書を書き換える」というよりも、「大学院生以上の難しい教科書を書き換える」という感じですね（笑）。

数学vs.人間の感覚

村山　この不確定性関係というのは、世の中とは関係のないことと思われるかもしれませんが、実は宇宙の誕生とも密接不可分に関係しているんですよ。真空にはヒッグス粒子が詰まっているとわかってきたわけですが、ただギシッと詰まっているんじゃなくて、ダイナミックに動いている。不確定性関係には、位置と速度のほかにもう一つありますよね、エネルギーと時間の不確定性。だから、エネルギーは保存しなくていい。短時間なら借りてくることができます。

――エネルギーのブレと時間のブレの掛け算が一定値以上になりますというのが不確定

性原理だから、時間のブレがすごく小さければ、そこそこ大きいエネルギーのブレが許される。

村山　私はよくこういう譬えを使うんです。朝、銀行員が銀行に行ったときに、財布をうちに忘れてきた。でもお昼ご飯を食べに行きたい。ちょっとここにお金がいっぱいあるから、ちょっとくすねていって、帰ってくる前にお金を下ろして帰ってちゃんと返せば、まあ、見つからないだろう。たぶんそこで100万円取ったらすぐに見つかりますよね。帰ってきたときにお縄になる。でも1000円だったらまあ、確かにお昼休みぐらいは大丈夫かもしれない。ちょっと借りたらしばらく返さなくていいですよと、たくさん借りたらすぐ返しなさいというのが、不確定性関係なわけです。

――なるほど。

村山　ここでのポイントは、ともかくエネルギーを借りていいんだということ。そうすると、宇宙の最初というのは、今見える137億光年の宇宙全体が原子1個よりもはるかに小さかったという、とてつもないことを言うわけじゃないですか、最新の宇宙論によれば。

――それがまた、想像を絶する話です。

村山　まったくその通りですけど、原子1個よりも小さかったわけだから、宇宙全体がこのミクロの世界の量子力学になっていて、不確定性関係でいつもエネルギーの貸し借りをやっていた。そうしている間にインフレーションが起きた。

――宇宙初期の急激な膨張ですね。米国のアラン・グースと日本の佐藤勝彦さんがそれぞれ独立に提唱して、今やインフレーションがあったことは間違いなしと見られている。

村山 ええ、それが宇宙をビヤーッと引き延ばすわけなので、借りて返そうと思ったんだけど、「オオッ」と離れて行っちゃった。返せなくなっちゃった。そうすると借りたまま残っているわけですね。貸した方も返してもらおうと思うんだけど、オオッと行っちゃって、貸したままで終わっちゃう。こうして宇宙にでこぼこが残ったわけです。そのでこぼこが今の銀河の元になったというのが標準的な考え方です。不確定性関係なんて全然私たちに関係ないと思って普通の人は聞いていると思うんですけど、このおかげであなたはここにいるんですよ。もし許されてなかったら、宇宙は本当にのっぺらぼうで、濃いところも薄いところもない。でもこの貸し借りのおかげでちょっと濃いところがあった。ちょっとというのは100メートルの海に1ミリのさざ波。10のマイナス5乗。そのちょっとのさざ波が周りのものを重力で集めて、成長して銀河になり星になり、人間が生まれた。すごい話だと思うんですよ。信じられないですね、最初に聞くと。今でも本当かなと思うんだけれど。

―― その「信じられなさ」にもいろんなタイプがあると思うんですよ。今の話では、宇宙全体が原子1個よりも小さかったということも信じられないし、そこで不確定性関係があったお陰で今の我々がいるというのも、あまりに気宇壮大過ぎてピンと来ない。小学校や中学校で「わからない」というと、それは頭が悪いからだとか、勉強が足りないからといわれちゃう。でも、量子力学のわからなさって、こっちの責任じゃないって感じがすごくするんです。量子力学は、人間の感覚というか認識と相いれない話にあふれている。波でもあり粒子でもあるって言われたって、ふつうは納得できないですよね。だいたい、かのアインシュタインでさえ量子論には納得できなかったんだから。空間は曲がっているとか、時間の流れ方はその人の運動状態によって違うとか、突拍子もないことを言い出したアインシュタインですが、量子力学の奇妙さには死ぬまで納得しなかった。でも、実験してみると自然がそうなっているんだからしょうがないじゃないかということで、物理学者たちは自分の頭の方をそっちに合わせて100年やってきたんですよね。

村山 量子力学だけだったら100年ですけれど、それ以外でもずっとやってきたわけですよ。

――そう言われれば、そうか。重いものは速く落ちて、軽いものはゆっくり落ちるという方が人間の感覚にはフィットする。どんな重さの物体も落ちる速さは同じと示したガリレオのピサの斜塔の実験、まあ本当にピサの斜塔で実験したのかどうかは怪しいみたいですが、その結果だって人間の認識と相いれないと思われたかもしれませんね。

村山　よく使うガリレオの言葉で言えば、「宇宙という書物は数学の言葉で書かれている」ということです。数学って自然科学ではない。足し算、引き算から始まって一つ一つ厳密にやり方を決めて矛盾がない体系をつくる、言ってみれば頭の中でそういう体系をつくるのが仕事で、自然とは無関係につくっているんですね。とても抽象的なものです。でも、なぜかそうやってつくった数学というのが、自然を理解するのにすごい役に立つ。それはすごく不思議なことです。人間の経験は、やっぱり周りのものだけに教えられて、それを説明する言葉を作り上げてきて、それを使って日常生活をしている。でも、今まで全然経験してないような世界に出会った瞬間に文字通り言葉を失ってしまう。それを話すためのボキャブラリーがなくて文法がない。そのときに使えるのが数学という言葉です。そして、一番不思議なことは、人間の感覚では理解できないとんでもない現象が見つかったときに、それを説明できる数学はその時点でできちゃっているということです。

――ええ、そこはとっても不思議。物理学者が困ると、たいてい、その解決に必要な数学ははるか昔に数学者が作っている。相対性理論に使われている数学だって相対性理論ができる前にできていた。だから、数学は偉大です。でも、同じ数学の言葉で書かれたものでも、「わかった」と感じられるものと感じられないものがあるんじゃないですか。ガリレオが見つけたことだと、たとえ日常感覚とフィットしなくても、「わかった」という感覚を持てる。でも、量子力学はやっぱりそうはいかない。物理の偉い先生の中には「量子力学をわかったと言っているやつはうそつきだ」なんていう人も結構いるじゃないですか。村山さんはわかったって感じています?

村山　いや、わかってないと思います。

――やっぱりそうなんですか。

村山　うん。今でももめていますよね。何をもめているかというと、さきほどの外村さんの「美しい実験」で示されたスクリーンにぶつかった電子が、何でその場所に突然現れちゃうのかと。スリットを通るときは波でビヨビヨビヨッと来たはずなのに、スクリーンにぶつかると「ここ」に決まっちゃうそのメカニズムは何だろうか。

――そうそう。「観測問題」と呼ばれている難題ですね。スクリーンに当てるということとは、電子の位置を測定するということで、電子は波として飛んでいるのに測定したとたんに波が粒になるのはなぜか、という問題。なぜか「測定問題」とは呼ばずに「観測問題」と呼んでいる。これは「観測とは何か」という哲学的な問題とも結びついていて、観測した途端というのは人間が見たときなのか、それは光が網膜に達したときなのか、それとも脳で認識したときなのかって、果てしなく疑問が出てきてしまう。

村山　そう、まずは波が点になるメカニズムがよくわかってないわけですよ。一番極端な考え方は、多世界解釈といって、世界はどんどん枝分かれしていくというもの。ぶつかって「ここ」にできたと思った人間と、実は同じときに「こっち」にできたと思った人間と、いろいろな人間が重ね合わさっていて宇宙はどんどん枝分かれして、もう網の目のようにうわっと広がってきて、それを全部考えると、「まだ波のままなんです」という訳のわからない話です。でも結構まじめに議論されているわけですよね。

――　そうですね。

村山　だからそれぐらいまだ本当に哲学的に深い問題が残っていて、そこまで行くとまだ本当にわかってないと思いますよね。取りあえず実験で調べる範囲だったら、「とにかくスクリーンのどこかに電子が見つかっちゃうんです」と認めればうまくいくものだから、取りあえずいいやと思っているわけだけど、本当に突き詰めたらやっぱりまだよくわかってない。

――やっぱりそうなんですね。多世界解釈が正しいかどうかってなると、実験で確かめられないでしょう。

村山　私が知っている限りは確かめられないですけれど、何とかそれを確かめるようにちゃんと定式化しようと頑張っている人たちがまだいるので、もしかしたらそういうときが来るかもしれない。

――でもそれはね、やっぱり多世界解釈は頭の中だけの話ですよという方に賭けます、私。

村山　うん、まあ、普通の人はそう。私もたぶんそうだと思うんですけど。

――でも数学的には美しいわけですよね。そっちの方が理路整然としていて。

村山　ええ。

――数学がそういうことを説明できるって不思議ではある。本当に不思議だと思うんですけれど、でも数学が我々の感覚と合わないときに、どう考えたらいいのかというのは、永遠に残る課題のような気がしますね。

村山　でも、結構数学は勝ってきていますよね。人間の感覚がしょっちゅう負けている。相対性理論もそうですよね。見る人によって時間の流れが違うんだというのは直感的には理解できない。この間、あなたの今まで読んだ本で何が一番印象に残っていますかと言われて、ジョージ・ガモフの『不思議の国のトムキンス』という本を挙げました。探していたらその本が出てきたんですよ。そこの絵はいま見てもやっぱりインパクトがあるんです。あれ、たぶんガモフさん、自分が描いた挿絵だと思います。

――印象的な挿絵ですよね。

村山　銀行員が物理学の講義を聴いてしばらくしたら眠くなっちゃって、眠っちゃうわけですよね。だけど相対性理論の講義を聴きながら眠っちゃったので、頭の中は相対性理論になっていて、変わった世界に入り込む。自転車が縮んじゃって扁平に見える。「これはおかしいよ、何が起きているんだろう。じゃあ、俺も乗ってみよう」と、乗って一生懸命こぐんだけどちっとも速くならない。光の速さが時速10キロまでの設定なので、一生懸命こいでも光速に達しちゃったらそれ以上速くならない。ふと見ると、今度周りのものがすごい扁平に見える。

電車の駅に着いてみると、電車から降りた元気そうなビジネスマンに対して、初老の女性が寄ってきて、おじいさんと呼び掛ける。こういうのを挿絵入りで、子供のときに読んだわけだ。何か「えーっ」というのが頭の中に残りますよね。

――はい。

村山　これが現実に起きているというわけだから、これもアインシュタインが、ある意味で数学的にマクスウェルの電磁気理論が正しいと信じてとことんいったら、自分たちの感覚が間違っているというのを認めないといけないんだと言ったわけです。時間は伸びる、空間は縮む。調べていったら本当にそうだとわかっちゃった。すごいことじゃないですか。

――すごいですよね。実際に相対論は、GPS、つまりカーナビで使われているということを聞けば、時間が伸びたり空間が縮んだりするのはおかしいという我々の感覚の方が間違っていると認めざるを得ない。日常生活の中に相対論が入っているわけですからね。

村山　確か相対論を知らないとGPSは1日に10キロメートルぐらい狂うんですよね。

――そうそう、人工衛星に載っている原子時計は、猛スピードで地球の周りを回っているので、特殊相対論の効果で地球の時計より早く進む。一方、その場所は地上より重力が小さいので、一般相対論で重力の効果を計算に入れないといけない。両方の効果を合わせて補正しているんですね。相対性理論を入れないとGPSは使い物にならない。やっぱり人間の感覚は負けていますね（笑）。

村山　負けていますね。

――そういえば、昔は新聞社に「相対論は間違っている」というお手紙がよく来たけれど、最近はあまり来ません（笑）。

村山　物理学者は、心がオープンじゃなきゃいけないんです。実験データが出て、その実験データがどこも間違いがないと思ったときに、たとえ絶対信じられないと思っても受け入れなきゃいけない。そういう、負けたと思う瞬間があるわけですよ。それを受け入れて量子力学ができて相対性理論ができた。だから、自分たちのしていたことの限界みたいなもの、それを認める勇気が必要だというのは、科学の歴史からすごく教えられた気がするんです。科学者というと、たぶん一般の人のイメージだと、どっちかというと傲慢で、何もかもわかっているんだという人たちだと思っていると思うんですけど、まったく逆で、事実に直面したときに降参しましたという勇気がある人たちじゃないといけない。

――なるほど。

村山　それはすごく思うんですね。一般の人の科学者のイメージって、白衣を着て瓶底眼鏡を掛けていて髪の毛がくしゃくしゃで。

――そう。

村山 何か人付き合いができなさそうで。

――そうですね。

村山 どっちかというと機械的なのか奇人なのか変なやつで、薬品を持っていて……というそういうイメージでしょう。

――そうです。

村山 しかも周りの人を見下していて。

――そうそう。

村山 逆に科学者を本当にやっていると、謙虚になると思います。むしろこんなにわかっていないのか、しょっちゅう降参したと言って暮らしているわけですから。

――なるほどねぇ、自然に降参するのが科学者なんですね。自然を好きな人が科学者になるんじゃなくて、自然に降参できる人が科学者になる。これ、結構ふか～い発見のような気がします（笑）。

【ティータイム3】われわれの銀河系に名前をつけよう！

（高橋真理子）

この辺でちょっと長い休憩を取りましょう。次の章から、宇宙の話になります。その前に、『科学朝日』1994年9月号に掲載された「われわれの銀河系に名前をつけよう！」という記事をご覧に入れたいと思います。「銀河系」というと太陽系がある私たちの銀河系を指し、その外にある星の集団は「銀河」と呼ぶってご存じでしたか？　普通の人はそんなことは知りませんよね。このわかりにくい状況を何とかしたいと思い、天文関係者にアイデアを募って書いたのがこの記事です。今、読み返してみてもちっとも古びていないし、期せずして「銀河入門」にもなっているので、ここに再録します。登場する皆さんの肩書は94年当時のものです。

金河、Mゼロ、お銀河様……
われわれの銀河系に名前をつけよう！

われわれの銀河系には、名前がない。一応、全宇宙にたった1つのわが銀河系には「系」の字がつき、その他ゴマンと存在する（約1000億個といわれる）銀河には「系」はつけない、という決まりはあるものの、じゃ、「われわれの銀河」と呼んだら間違いかというと、いや、それは「銀河系」を指すとなるからややこしい。英語でいえば「galaxy」は銀河で、「The Galaxy」と定冠詞がついてGが大文字になれば銀河系である。「our Galaxy」という言い方もする。いずれにしても紛らわしいことには変わりない。

わが愛する銀河系に、何かいい名前はつけられないものだろうか。そんな問いかけを天文関係者にしてみたら、集まった、集まった、ユニークな名前の数々――。

的川教授が「金河」提唱
小ゑん師匠はお銀河様

ずばり「金河」という名を挙げたのは、宇宙科学研究所の的川泰宣教授。宇宙に散らばるあまたの銀河の中、ただ1つ存在する金河。イメージしやすい、素晴らしいネーミングだ。ただ、難点といえば、漢字文化圏以外の人には理解されにくいこと。

「星空寄席」と称して、各地のプラネタリウムで新作落語を披露している柳家小ゑん師匠は、「銀河っていう言葉は、ロマンがあって響きもきれいですごくいいですよね。そもそもこれをわれわれの銀河系以外に対して使うことがよくない。われわれのとこ以外には銀河っていう言葉を使わなければいいんです。それでもあえて名前を考えると、『銀の海』とか『銀の原』とか浮かびましたけど、やっぱり『お銀河様』が一番いいんじゃないでしょうか」。

小ゑん師匠はときどきプラネタリウムで星空解説もするが、どうしてもわれわれの銀河系以外を「銀河」と呼べず、人知れず悩むこともあるそうだ。

普通、銀河系外にある銀河のうち、比較的見えやすいものはそれが見える方向にある星座の名前を採って「アンドロメダ大星雲」「さんかく座の回転花火銀河」「おとめ座のソンブレロ銀河」などと呼ばれている。また、M31、M33といったメシエ番号もよく使われる（ウルトラマンの故郷はM78星雲だった）。これは彗星探索家として名を馳せたフランスのメシエ（1730－1817）が、彗星と間違いやすい天体をピックアップして作ったリストによるもの。だが、M番号がついているのは、小望遠鏡でもはっきり見えるものだけで、100個あまりしかなく、しかもこれは銀河に限らず、球状星団や散光星雲なども含んでいる。

より網羅的なものとしては、NGC番号がある。これは新一般星雲星団カタログ（New General Catalogue of Nebulae and Clusters of Stars）の略で、1888年にドライヤーが作り、その後何回か改訂されている。明るい星団、星雲、銀河はすべてNGC番号を持っている。ただ1つ、われわれの銀河系を除いては……。

そこで、われわれの銀河系にも番号をつけよう、という発想が当然出てくる。「メシエ・ゼロ」つまり「M0」はどうかと提案するのは、国立天文台の家正則教授である。これには賛同者も少なくないが、「平凡」という批判もある。「われわれの銀河系には、たくさんのM星雲を含んでいるのだから、M0よりもM∞（無限大）がふさわしい」とか「Matrix（マトリックス）」には母体とか子宮といった意味があるので、M-atrix（エム・アトリックス）はどうか」といったアイデアも出た。もっとも、こうなると逆に凝りすぎのきらいがないでもない。

いっそのことカタログ自体を新しく作ればいいという意見もあった。『スカイウオッチャー』編集部の高田裕行さんは、「GI」すなわち「Galaxy Ⅰ」を提唱する。「G」カタログというのを新たに作り、その第1番にわが銀河系を当てるわけである。ただし、競馬の「GI（グレードI）競走」から発想したという点が、PTA関係者から反発を受けるかもしれない。「New General Catalogue」に対抗して「Old General Catalogue」を作り、わが銀河系を「OGC1」として他はすべて欠番とする、という奇抜なアイデアもあった。

巴、モガ、The Majesty
銀河系名前不要論も

宇宙科学研究所の平林《ひらばやし》久《ひさし》助教授は、次々と考えが湧いて止まらなくなってしまったようなので、特別寄稿していただいた。「巴《ともえ》」などは、玄人筋をうならせる命名だろう。

英語文化圏にも通用する名前として、西はりま天文台の黒田武彦台長が提案するのは「moga（モガ）」である。もちろん大正時代のモダンガールの略ではない。母なる銀河「mother galaxy」の略で、「これなら一般の人にも覚えやすいはず」と黒田さんは請け合う。若干気になるのは、英語文化圏の人が「mother galaxy」を略して「moga」というかどうか。

天文学者から逗子市長に転身、そして現在は島根大学法文学部で教鞭をとっている富野暉《き》一郎《いちろう》教授は、女王陛下を「Her Majesty」と呼ぶのに倣って「The Majesty」と呼んで「宇宙に冠たるわが銀河」の気持ちを込めてはどうかという。なるほどと思う半面、日本人にとっては馴染みにくいとも思う。

こうしてみると、日本人にわかりやすく、かつ国際性を持った名前となると、なかなか見当たらないものだ。そこを見越して、そもそも新しい名前などいらない、という意見の人も結構いる。例えば大阪大学理学部の池内了《さとる》教授は、「一般に、名前にしろ、単位系にしろ、西洋論理、つまり西洋人の名前や習慣がまかり通っている。それを東洋論理とか日本式にせよというつもりはないが、少なくとも今の地球人のレベルでは誰もが納得する名が付けられようはずがないことははっきりしている」と、「銀河系名前不要論」を唱える。「The Majesty」を提案した富野さんも、「どうしても地球人意識丸出しの独善的命名になってしまい、銀河系E.T.社会における文化的摩擦を増大させて地球の危機をもたらすことになりかねない」と、名前をつける怖さを語っている。

天の川＝銀河から研究の発展で変遷

実は、「銀河」の意味が紛らわしくなったのは、ここ十数年のことである。そもそも銀河とは、天の川を指す言葉であった。全天をぐるりと取り巻いてほのかな乳白色に輝く光の帯。中国では、これを銀漢（漢は中国の大河「漢水」を指す）と呼び、それから銀河の呼称が生まれたという。

それが、円盤状に密集している星々を、その円盤の隅の方にある地球から眺めるため見えるものとわかるのは、20世紀に入ってから。こうして、この円盤状の星の集団を銀河系と呼ぶようになる。銀河系を外から見ればアンドロメダ大星雲のように見えるはず、といわれるが、そのことを大多数の天文学者が納得したのは、今世紀も半ばになってからに過ぎない。それまでは、銀河系の外にも天体があるというはっきりした証拠がなく、わが銀河系イコール全宇宙、と考える人が少なくなかったのである。

こうして、「銀河系外星雲」という呼び名が誕生した。それまで「渦巻き星雲」と呼ばれていたアンドロメダ星雲は「銀河系外星雲」と分類されるようになった。だが、銀河系の中にある星雲の研究が進み、こちらは希薄なガスまたはチリによって構成されているとわかってきた。その結果「星雲」を恒星の集まりの名前にするのは不適当となり、「銀河」の呼称が使われるようになったのである。

天文学関係の辞典類を見ても、近年の混乱ぶりがうかがえる。例えば、1984年に発行された誠文堂新光社『新編天文用語事典』では、「銀河」の項には天の川の説明しか載ってない。そして「銀河系外星雲」の項目の中で「最近は銀河と呼ぶことが多い」とある。その1年前に発行された恒星社『天文・宇宙の辞典』では、「銀河系」を「うず巻構造をもった銀河系外星雲の1つである」と説明している。まるで「日本とは、外国の1つである」というようなもので、読んだ人の頭には「?」マークが渦巻いてしまう。

「小宇宙を使うべき」だがそれにも難点が

「銀河」の呼び名の紛らわしさに人一倍心を痛めていたのが、東京学芸大学名誉教授の鈴木敬信さんである。鈴木さんが著した『天文学辞典』(地人書館、1986年発行)では、「銀河系と同格な天体の総称」を「小宇宙」とし、これを「銀河」と呼ぶことに強く反対している。

「銀河という言葉は昔からあるが、これは天の川をさすものであって、これを今になって別の意味に転用するのは混乱のもとであり、術語の定義の明確さを尊ぶ科学者のなすべきことではない。……M32、M33、M101などを見ても、『河』というイメージは筆者には全然浮かんでこない。小宇宙というのは、明治時代の先人たちのように名案が浮かばない筆者が、困りぬいてつくった言葉である。ありとあらゆる天体(小宇宙を除く)がその中に含まれる、という意味もあるし、大宇宙の構成単位だという意味もある。よい訳語があれば、筆者としては小宇宙という言葉にかえて用いたい。しかし、すでに他の物を指す言葉を転用することは絶対反対である。単に白くて柔らかいから、綿もハンペンもトーフということにしようというようなものである。早く統一したい。しかし、明らかに不適当とわかっている術語は避けなければならない」（同辞典「小宇宙」の項）

と、辞典にはそぐわないほどの情熱的な調子で「銀河反対論」をぶっている。

柳家小ゑん師匠は「小宇宙」に愛着を覚える一人だが、天文学者の間では「小宇宙」の呼び名を支持する声はほとんど聞かれない。というのも、ホーキング博士らの活躍で、宇宙創成のころにまで遡った研究が進み、「宇宙＝時空」という見方が定着してきたためだ。宇宙の誕生とはすなわち時空の誕生にほかならない、という考え方にたつと、宇宙が誕生してずっと後になってから出来てきた恒星の集まりを「小宇宙」と呼ぶのは適当でない、ということになる。

勝手な提案 人類銀河系はいかが

この問題、思いのほか奥の深い難問のようである。多くの天文関係者の頭をわずらわせたのに、これといった結論が出ないのでは申し訳ないとも思う。そこで、思い切って私の提案をしてしまおう。われわれの銀河系を「人類銀河系」と呼ぶのはいかがでしょうか。英訳すると「Human Galaxy」（Man Galaxyは男女平等に反するから却下）。理由はもちろん、私たち人類が住んでいる銀河系だから。宇宙広しといえども、人類がいる銀河系は、いまのところわれわれの銀河系しか知られていない。今後、別の銀河に人類がいることがわかったとしても、彼らが日本語や英語を使っているとは考えられないから、その銀河のことはそこの現地語で人類を表す言葉を冠してナントカ銀河と呼べばいい。

広める戦略としては、まず「われわれの銀河系」を「われわれの人類銀河系」と言い換えてもらうよう各方面に働きかける。これに成功すれば、後は放っておいても「われわれの」が落とされ「人類銀河系」だけになる。

趣旨に賛同される方は、どうぞ各自の持ち場で戦略に則った行動をとられんことを。

特別寄稿

銀河系の名前について

平林《ひらばやし》 久《ひさし》
宇宙科学研究所助教授／電波天文学

わが銀河は大小のマゼラン星雲（LMC、SMC）と兄弟（姉妹？）なので、兄弟関係の整合性を尊ぶなら、「特大マゼラン星雲（LLMC、またはVLMC）」と呼ぶことができる。

乳のような星の大集団の銀河の兄弟は乳兄弟といっていい。それで思い出すのが、木曾義仲と最期を全うした乳兄弟の今井四郎兼平と、最期までつき従った巴。どちらも能に「兼平」、「巴」として残っている。巴模様とくれば、まさに銀河の渦。あるいはめぐり合う銀河。そこで、「なかでも巴は色白う」と形容された、武と美を兼ね備えた「巴」を、私たちの銀河に冠したい。

われわれの銀河系のご近所さんにアンドロメダ星雲がある。これは、星座で名付けたもの。われわれの銀河系の中心は射手《いて》座方向にあるから、「射手（サジタリウス）星雲」と呼べばいい？ いやいや、アンドロメダ星雲側から私たちの銀河を見ると、ケンタウルス座方向に見える。だから「ケンタウルス星雲」か。アンドロメダ星雲からケンタウルス座は見えないし、ケンタウルス座と呼ぶとは思えないが、まあいいではないか。

日本文化では、高貴なものを直接名指すことをはばかってきた。その人の住む場所、方角などで間接的に表現してきた。殿、お館様、北の方、等々。そうすると大和風では、「射手殿」、「射手の方」。ここで、「射手座の女」は採らない。蠍《さそり》座の女のイメージに重なってまずい。

お日様、お月様、というような愛称は素晴らしい。「お銀様」。もっと親しく「お銀」も捨て難いが、親しすぎたり、「巾着切りのお銀」などという、はすっぱなイメージを抱く人もいよう。

ご存じ、銀河はミルキーウェーともいう。「星の大路様」。サン・テグジュペリもびっくり、でも、京都風でエレガントだ。

ギリシャ神話から、ヘラは、全天の神ゼウスの嫉妬深い妻、息子のヘラクレスがあまりに強くオッパイを吸ったので、ヘラの乳が飛び散って天の川になったという。「Hera Galaxy」あるいは単純に「HERA」はいかが?

第4章

宇宙は4%しかわかっていない

万物は92個の原子でできている

――さて、いよいよ宇宙の話に移りましょうか。

村山　ここに来るまで、ずいぶん長かったですね（笑）。

――まあ、そうおっしゃらずに。ヒッグス粒子はここ数年で大きな動きがあったわけですが、宇宙論も21世紀に入ってから大変革を遂げているんですよね。まずは「宇宙は4％しかわかっていない」というフレーズが何を意味するのか、じっくりお伺いしたい。これ、村山さんのご本を始め宇宙論を扱う本には必ず書かれていることですが、4％ってあまりに少ないですよね。宇宙については見てきたような説明もたくさん聞いているので、たった4％というのは簡単には納得できない。この「4％」の意味を一から説明してください。

村山　はい。そもそも学校で習うのは「万物は原子でできています」ということ。これは考えてみると、19世紀までの科学の偉大な成果だと思うんです。ファインマンがある時、もしここで文明が死に絶えたときに、今の科学の成果を一言だけ後世に伝えようと思ったらどういう文を伝えたいですか、と聞かれた。そのときの答えが「万物は原子でできている」だったらしいです。

——へえーっ。

村山　考えてみるとこれはすごいことで、万物って身の回りのものもいろいろいっぱいあるわけですよね。人もみんなそれぞれ違うし、動物はいろいろいるし、机とペットボトルは違うし、ものすごい種類の物体があるわけだけれども、それを突き詰めていくと92個の原子で全部できるんだと。その92個、実際はほとんど使われていないものが多くて、特に人間の体などは、水素、酸素、炭素、窒素、リン、鉄、カルシウム、カリウム、そのぐらいのわりとわずかな原子でできるわけじゃないですか。それはやっぱりすごい。

ある意味では統一理論ですよね。統一的に、丸々全部それで説明しちゃったという。やっぱりそのすごさにみんな感動して「万物は原子でできている」という表現になった。それがある意味で行き過ぎちゃったんだけれども、宇宙全体もそうだろうと思っちゃったわけですね。

——宇宙もすべて原子でできていると思った。

村山　そう思ったのも当然で、調べる限りずっとそうだったわけですよ。例えば星って、星まで行って帰ってきた人はいないのに、あれも原子でできているというのは、そもそも何でわかるんだと。

――そうですね、そう言われれば。

村山　わかった理由というのはいろいろあるんです。一つは星から来る光をよく見たら、細かい線がいっぱいある。ここに実例があります（**口絵3**）。太陽から来た光。黒くなっている線が見えますが、これが吸収線。何かごみがあるわけじゃなくて、本当にその色の光がない。このないところの光というものの色をちゃんと調べていくと、実験室でも同じところに光がないようにできる。

――この図は、本来は横に長い……

村山　そうそう、長いのを切って重ねたものです。

この黒い線、つまり吸収されてなくなってしまう光というのは原子ごとに決まっています。トンネルのナトリウムランプみたいに、ナトリウムという元素を温めたら黄色い光が出ますと決まっている。これは出る光ですけど、吸収する方も元素ごとにいくつかの光がなくなるときっちり決まっている。元素1個1個の指紋のようなものですね。太陽から来る光を見ても17億光年先の銀河から来る光を見ても、こういう指紋がちゃんとあって、それが実験室で測った1個1個の原子に対応しているというわけです。黒い線の意味がここまではっきりしたというのは、20世紀の初めのころですよね。量子力学がわかって初めてわかるようになった。量子力学を使うと遠くの星にどの元素がどれだけあるというのがわかっちゃう。

――元素の量というのは……

村山 線の濃さでわかる。

――濃さでわかるんですね、はい。

村山 とは言っても星の光というのは表面から来るだけじゃないか、中はどうなっているんだ、わからないじゃないか。中は光が霧のように、ものすごく濃くなっていて、光では見えない。当然、中に行って入って出てくることもできない。

――できないですね。

村山 「どうするんだい？」。そこで偉かったのがニュートリノですよね。ニュートリノはほとんど何とも反応しない。ということは、遮られることがない。地下1キロメートルの真っ暗闇の中でニュートリノを見ると太陽の写真が撮れる。スーパーカミオカンデをもってしても1日に5個ぐらいしかとらえられないニュートリノですが、それを5年間じっとため続けるとこういう写真が撮れます（**口絵4**）。

――へええ。

村山　これは太陽の中を見ているわけです。太陽の中で核融合が起きて、たくさんニュートリノが出て、それがちゃんと地球にやって来て見られる。だから星の中も原子なんだと。

――変わってないぞと。やっぱり原子でできているものだ。

村山　太陽どころかもっとずっと遠くにある恒星も原子でできていると教えてくれたのが超新星じゃないですか。超新星というのは、ものすごく明るい星が突然現れるというのでこの名前がついたんですが、その後にわかったことはこれは恒星が死ぬときに起こす大爆発だと。小柴昌俊さんは、超新星から届いたニュートリノを世界で初めて観測してノーベル賞をもらいました。だから、遠くの恒星も太陽と同じように原子でできているとはっきりしたわけですね。でも、いまだにいくら考えても不思議なのが、この発見のひと月前までは装置のノイズ（雑音）が高過ぎて見えるはずのない状態だったことです。そして、発見のひと月後には小柴さんは定年退官していた。このど真ん中の日のちょうど16万年前に超新星が爆発した。

――そうなんですよ（笑）。

村山　一部の説では、小柴さんはニュートリノが来ると知っていたんじゃないかと。

――16万年前のニュートリノがやってくる日を小柴さんは知っていた（笑）。でも、小柴さんはラッキーだと言われるのをものすごい嫌がるの。

村山　そう（笑）。

――ちゃんと準備していた人にだけ来るんだって。

村山　それはまさにその通り。

――だからあんまり「直前のこういうタイミングでラッキーでしたね」みたいなことは言っちゃいけないいんです（笑）。

村山　小柴さんの前では言わないように気を付けましょう。ともかくそうやって宇宙の天体も原子だということがわかってきて、これで間違いないやと。特に19世紀の終わりにJ・J・トムソンが電子を見つけて、物を細かく分けていけば素粒子に行き当たり、物事はみんなこれでできているんだとわかってきたと思っていた。ところが2003年になったらどんでん返しが起きたんですね。宇宙のほとんどは、正体不明の暗黒物質や暗黒エネルギーが占めている。お前たちが知っている原子は、宇宙のたった4％しか占めていないじゃないか。お前らがやってきたのはいったい何なんだと。

――「万物」と言っていたのに、いきなり4％。だから、その4％という数字はどうやって計算されたんでしょうか。

村山　それがなかなか面白いわけです。一番活躍したのは、宇宙背景放射。

——宇宙のあらゆる方向から同じように届く電波のことですね。

村山　宇宙で遠くを見ると昔が見えます。私たちが太陽を見ているとき、実は8分前の太陽を見ています。アンドロメダは250万年前の姿を見ています。アンドロメダの人がこっちを見ると、まだ人間がサルの格好をして歩いているのが見える。遠くを見ると昔が見える。137億光年向こうを見ると、137億年昔の宇宙が見えて、実はその宇宙はまだ熱かったと。あまりに熱かったので光っていた。その宇宙の光が今でも見えたというのが、ペンジアスさんとウィルソンさんの宇宙背景放射の大発見なわけですよね。この人たち自身はそれを探していたわけじゃなくて、米国ベル研究所の電波の通信技師だった。

——そう、技術者だったんですね。

村山　通信技術を高めるために雑音があっちゃ困る。雑音があったので、大きなアンテナを造ってどこから雑音が来るんだろうかと調べた。ニューヨークだろうかと、向けてみると確かに雑音が来る。ところが、空に向けてみても同じだけ雑音が来る。これはどうもニューヨークじゃないな。だったらアンテナ自身が悪いんだろうか。アンテナの中を見てみると、ハトが巣を作ってフンがいっぱい落ちていたので、このせいだと一生懸命掃除をして、これでもう雑音がないだろうと思って測ってみたら同じだった。どこからでも来る。しょうがないので近くにあるプリンストン大学の人に電話をかけて、「これは何だろうね、宇宙から来ているんだろうか」と話したんですって。そうしたら、その電話を受け取ったプリンストンのディッキーという物理学者が電話を置いて周りの人に「諸君、どうも先を越されたようです」と言った。探していたんですね、ビッグバンから来る電波を。でも、この人たちが先に見つけちゃって、1978年のノーベル賞をもらった。

ともかくビッグバンが見えるようになったんです。ビッグバンの光が137億光年向こうから今ここにやっと届いた。137億年の間の情報を全部背負ってここに届いているわけですね。すごくありがたい。その間にどういうものがあって、どういう重力が働いていて、どういう温度があってという情報が全部そこに詰まって届いている。

――この話で不思議に思うのは、どこを向けても同じような雑音があった。それはわかりました。でも、何でそれがイコール137億年前の電波だってなるんですか。

村山　そのときにはまだわからないです。ともかくアンテナのせいじゃないし、人間の活動のせいじゃなくて、どの向きからも同じだということは、宇宙起源だというところまではいいですよね。

――いいです、はい。

村山　じゃあ、その宇宙が何でそんな電波を発しているかというのは、やっぱりもうワンステップいるわけですね。この段階では、ある意味ではっきりしていなかったと思うんですけれども、次に一番偉かったのはCOBE衛星の実験です。

――COBEまでは、はっきりしていなかったんですか。COBEは宇宙背景放射の観測を目的に打ち上げられた人工衛星ですね。打ち上げられたのは1989年、その成果が報告されたのは1992年。

村山　その前から、間違いないとみんな信じていたと思いますけれども。

――そうですよね。だって、私の学生時代、70年代から、これは137億年前の名残だって説明になっていたと思います。宇宙のどこを向いても同じだからって何で137億年前なんだって思っていました。

村山　137億年前から来ていると判断するためにすごく大事な情報は、その電波の波長です。光では波長の違いって、色の違いのことですね。宇宙からの電波の色分けが熱い物体から来るのとまったく同じだったんです。ストーブから来る光やろうそくから来る光と同じで、それで熱を持っているものから来るということがはっきりわかった。

――ああ、そうか。色分け、つまりスペクトル（**図1**）を測ることで、熱を持つものから来る電波だとわかったんだ。

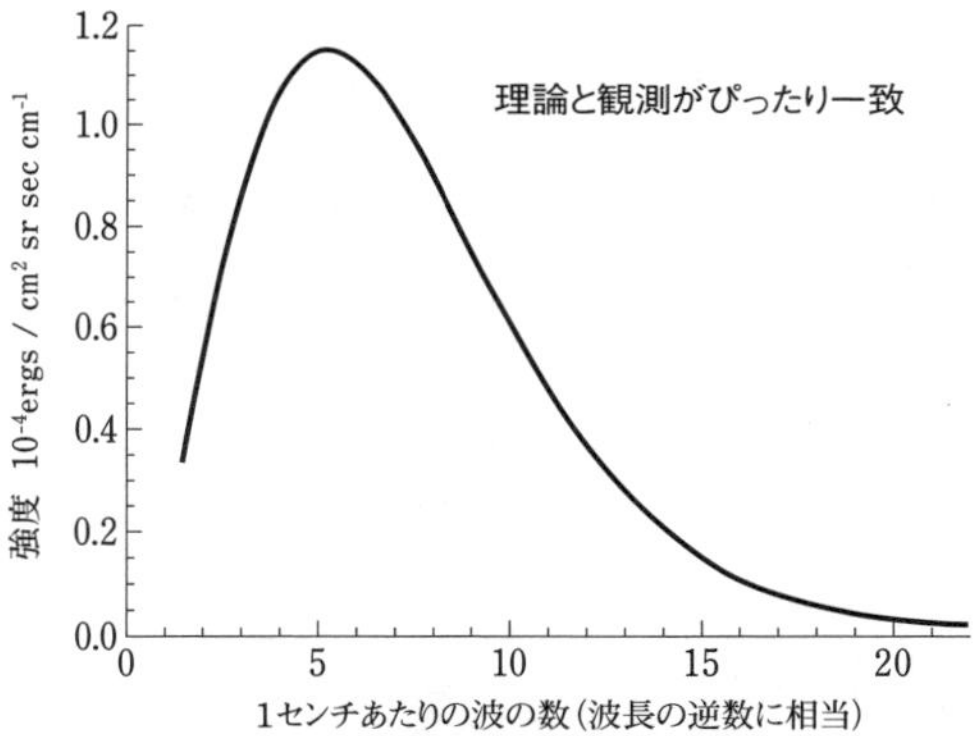

図1　宇宙背景放射のスペクトル（NASA提供）

村山　ＣＯＢＥ衛星は非常に正確にこの色分けを測った。そうしたら、熱を持つ物体から出る光の色分けパターンとまったく同じだった。このパターンは、理想的な条件を仮定して計算できるんですね。物体の温度によってその形は決まる。実際に観測すると、理論曲線からずれが出るものなんですが、宇宙背景放射については観測と理論計算がぴったり一致した。その温度は、絶対温度２・７度。つまり、宇宙の中は絶対温度２・７度の物体から放射される光で満ちている。一方で、遠くの銀河がどんどん遠くに行っているということも、観測でわかった。宇宙全体が膨張している。

――はい、膨張しています。それは、エドウィン・ハッブルさんが遠くの銀河を観測して見つけました。20世紀前半の話です。

村山　だから昔は小さかった。今は2・7度だけれど、それは膨張して温度が下がったからで、さかのぼって圧縮していくと温度はどんどん上がっていく。しかも、これは宇宙のどこを向いても同じ。これは何だ。星じゃないわけですね。星が見えるところからも見えないところからも同じように来ているんだから。だから、何か昔にさかのぼると宇宙全体が熱かったというところまでは結論できました。昔の宇宙は小さくて熱かった、もう基本的にビッグバンじゃないですか。

——はい。その観測された電波は、そのときの熱線が今届いていると。

村山　届いている。

——これがまた不思議なんですね。ビッグバンを外から眺めているのではなく、その中にいるはずの私たちが今ごろ遠くからの熱線を受け取るっていったい……（笑）。

村山　ちっちゃかった宇宙なのに何で遠くにあるんですかという話ですね。

——そうそう。さっきのお話で数学が指し示すものは正しい、それに人間はごめんなさいと言わなきゃいけないということになったので、まあ、ここは認めることにしましょう。COBEというと、宇宙背景放射のゆらぎを発見したこと（**口絵5**）が有名ですが、スペクトルを正確に測ったという業績も大きかったんですね。それでようやくビッグバンが揺るぎのないものになった。それまでは、「ビッグバンは間違っている」という説もそれなりに力を持っていたんですよね。そういう時代だったと思い出しました。

村山　それで、次に偉大だったのがヴェラ・ルービンという人ですね（**写真1**）。女性の天文学者です。何をやったか。銀河をたくさん見たんです。銀河はみんなすごく美しい格好をしているわけですけれども、渦巻銀河というやつは基本的に扁平型。上から見ると丸く見えるわけだけれども、たまたま真横に見えるものはスーッと線のように見える。こういう銀河だけを集めます（**177ページの写真2**）。

写真1　ヴェラ・ルービン
1970, courtesy Dr.Rubin

渦巻銀河はグルグル回っているので、細い線の一方の端は向こう側に押し込まれて、反対の端はこっちにせり出てきているわけですよね。押し込まれるやつというのは遠ざかっているので、その光が赤く見える。せり出てくるやつというのは、こっちに近づいているので光が青く見える。ドップラー効果ですよね。

―― はい。これも高校の物理で習います。救急車が走っていると、自分に近づいてくるときはサイレンの音が高くなり、遠ざかるときは低くなる。音というのは空気の振動で、音源が自分に近づくときと遠ざかるときで届く波長が変わるから。同じことが光でも起きる。ハッブルさんが宇宙膨張を見つけたのも、この効果のおかげです。光源の色を見れば、自分に近づいているのか、遠ざかっているのかがわかる。本来より青っぽくなっていれば近づいている、赤っぽくなっていれば遠ざかっている。

村山　だから、光の色をきちんと見てやると、右と左のどっち側が引っ込んで、どっちがせり出てくるのかはっきりわかる。次に、その色から動いている速さもわかる。もし銀河というのが太陽系みたいに中心に大きな重さがあって周りのものがぐるぐる回っていると思うと、外側はゆっくり、中心に近い方は速く動くはずですよね。

―― 太陽に一番近い水星はクルクル速く回っているけれど、木星とか土星はゆっくり回っている。太陽から遠ざかれば遠ざかるほど、太陽の重力は弱くなるからですね。海王星になると、165年かけて太陽を1周するみたいですね。

村山　だけど渦巻銀河を横から見て測ってみると、どこまで遠くに行っても速さが遅くな

写真2　渦巻銀河（左上から時計回りにESA/Hubble&NASA,ESA/Hubble&NASA,NASA/ESA/Hubble Heritage Team,Hubble提供）

らない。銀河の端っこの方というのは、もう星も全部なくなっちゃってもガスがあるので観測できるんですよ。そうすると、その銀河の星がなくなっちゃった先っぽも、遅くならない。ということは、実はずっと物があって、だから外側でも遅くならないと考えなきゃいけない。それを最初に見つけたのがヴェラ・ルービンなんですね。

――遠くと中と、同じ速さで回っているんですか。

村山　そうなんですよ。

――こんなことまで観測できちゃうんですね。

村山　すごいですよね。アンドロメダのデータを見ましょうか。ちなみにアンドロメダってすごく近くて、250万光年しか離れていない。もしこれを高性能の望遠鏡で見ると、満月よりも大きいぐらいに見えて、中にある1個1個の星もちゃんと見えるわけです。

――へえーっ。

村山 それで一つ一つ測ってみると、確かに遠くに行っても遅くならない。一方、見える星を全部集めて、重さを計算することができる。

――でも、見える星の重さって、一つ一つどうやって推定しているんですか。

村山 それは我々の銀河系の中にある星の場合には、近いから十分いろいろなデータが取れて、明るさとか重さとかは結構ちゃんとわかるんですよね。それを元に、星というのは同じものだと思って計算するわけ。

――そうか、光の情報から、うちのそばにいる星の情報と照らし合わせて、同じ光の性質だと重さも同じだろうということで、一つ一つ数えていくんですか。

村山 できるだけ頑張って。

――でも、真ん中辺なんかはもうハレーションを起こしていてわからないじゃないですか。

村山　それは確かに誤差として残ります。でも、もう星がなくなっちゃったところ、その先のガスの運動だけを見ても、遠くに行っても遅くならないわけです。ヴェラ・ルービンさんがそういう観測を始めて、その後もいろいろな観測がたくさんできたわけですけれども、どの銀河を見ても、そういう動きになるには光る星の重さだけでは足りない。もう全然足りない。

——それで、それぞれ何パーセント足りないというのはどうやって計算するんですか。

村山　まだそこまでいかない。

——いかない、はい、失礼しました。

見えないものが5倍ある

村山　ともかくそうやってわかったのは、見えている星というのは本当の銀河の重さのごく一部だと。銀河はチョロチョロッと星があって、周りを暗黒物質、目に見えない重力のもとになるものがまとめているおかげで、安心してグルグル回っているんだということがわかった。

——はい。

村山　じゃあ、何パーセント足りないかは実はこれでは答えが出ないんですよ。なぜかというと、先の方に行くとガスもなくなっちゃうので、その先がどうなっているかを測るすべがないんですね。

――なるほど。

村山　ですから、調べられるところまでしか暗黒物質がなかったら、大した量じゃないかもしれない。もし延々続いているんだったらすごい量かもしれない。この段階ではまだはっきりしないんです。それで今度は銀河団の出番です。銀河がたくさん集まって村を成して暮らしています。1個1個のきれいな美しい丸いのが銀河です。銀河はみんな美しい丸か、さっきの渦巻きの格好をしているはずなのに変なのがある。何百万光年ビヨーンと伸びたものがある。そんなものがあるわけがないんですけれども、いろいろなところにそういうのが見つかった。何か変だと。

――はい。

村山　これを調べていってわかりました。銀河団にも、暗黒物質が集まっている。私たちから見て、後ろ側にたまたま銀河があったとしましょう。そうすると、この銀河から来る光が我々に届く前に、暗黒物質の重力に引っ張られて曲げられる。そのせいで、すごくグニャグニャにゆがんで見えてしまったんだというふうに解釈するわけですね（口絵6）。

パッと何げない宇宙の写真を撮ったときに、1個1個の銀河の形をよく見ると、みんな少しゆがんでいる。今の望遠鏡だと数十億光年の向こうの銀河がちゃんと形が見えるわけですね。ゆがんで見える。そのゆがみ具合をちゃんと調べると、これだけ重力が働いているはずだとわかる。その重力が働くには、普通の物質の5倍ぐらいの暗黒物質があるはずというのが、これでもうだいたい出てきます。

――そのゆがみの程度からわかるわけですね。

村山　ええ。

――見える物質の5倍も見えない物質があるとわかった。はい。

村山　で、見えない物質とは何か。まずは見えない天体じゃないかと思うわけですね。

――地球だって見えないでしょう、遠くからは（笑）。

村山　地球ぐらい軽いと、たぶんほとんど影響を与えないんですけど、例えば木星がたくさんあるんじゃないかとかいうことを言うわけですよね。ところが、そうではないということが証明できたんですよ。それも20世紀の終わりぐらいに。

例えば私たちの銀河系にも暗黒物質がたくさんあるので、仮にそれが木星とかブラックホールとか、単に見えない天体だとしてみましょう。この天体をMACHO（マッシブ・コンパクト・ハロー・オブジェクト）と呼んでいます。マッチョな男のマッチョとかけているんですけどね。しかもフランスの観測グループの名前が何と「エロス」。ちょっと変な業界です。

木星だかブラックホールだかよくわからないけれど、とにかく見えない天体・マッチョがあるとする。そうしたらどういうことが起きるかというのをまた調べるわけなんです。お隣の銀河が大マゼラン星雲です。例の小柴さんの超新星が爆発したところですよね。

——はい。

村山　ここの星はたくさんあるんですけど、それを例えば100万個ぐらいずっと観測し続けるんです。私たちとその星の途中をたまたま暗黒物質かもしれない天体が横切ったとします。木星とかブラックホールとか、ちゃんと天体なりの重さを持っているものであれば、それもやっぱり光を曲げる。そうすると、この星から来た光は凸レンズを通るのと同じことになるので、そのときに限ってたくさん光が集まる。そうすると、ある時だんだん明るくなって、通り過ぎるとまた元に戻るというふうに見えるはずだというわけなんです。100万個くらいの星を毎晩延々観測しながら何年間もじっと見て、こういうのがあるかどうか調べるんですよ。

——気が遠くなりそう。

村山 実は、星自身が明るさを変える変光星と言われているやつが結構あるので、それは除外する。そうやって何年間もやって頑張ってみると数回あったと。だけど数回分のその重さは全部でどのくらいあるかというと、銀河の重さの2割以下でないといけない、といったことが出てくる。

——それはどうしてわかるの？　見つかった数が少なかったということですか。

村山 銀河の全部の暗黒物質がこういう重い天体だとすると、たまたまこう横切るということもある程度起きるはずだと考えます。

——100万個も見ていればね。

村山 だけどそんなにない。

——5年間見ていたけれども何回かしか起こらなかった。そうすると、そういうのがこの空間にうろうろしている確率は一定値以下であると。

村山 ええ。

——わかりました。うん。

村山　だからどうも天体じゃないというわけですね。マッチョじゃない。

――横切るようなものではないと。わかった。はい、それで。

村山　暗黒物質が天体じゃないなら素粒子だという考えが出てきた。今度はＷＩＭＰ（ウィークリー・インタラクティング・マッシブ・パーティクル）と呼び名をつけた。英語では「弱虫」という意味です。男らしい天体じゃないなら、弱虫の素粒子が暗黒物質だ。本当にそうかはまだわからないんですけれども、素粒子の場合だったらニュートリノの例もあるし、もう地球の中を簡単に通り抜けるような、そういう素粒子も存在するわけだから見えなくても当然だろうと。そういう見えないものだということを示唆する例で一番有名なのがたぶん弾丸銀河団です。

巻頭の**口絵7**を見てください。これは40億光年向こうの銀河団です。この写真で青く塗ってあるところが、暗黒物質があるところです。赤く塗ってあるところは望遠鏡で見える水素ガスがあるところです。変なのは、まず青と赤、青と赤のペアが二つある。その次に変なのは青いところと赤いところがずれている。暗黒物質の重力が強いと言ったはずだから、ほかのものを引き寄せて一緒にいるのが普通だと思うんだけど、ずれている。

――なるほど。

村山　これは何が起きたんだろうか。これは非常に醜いことが起きたところで、二つの銀河団が秒速４５００キロメートルで衝突した顚末だと言うんですね。なぜそれがわかるかというと、コンピューターでシミュレーションをします。それで作った映像を見ると、まず銀河団というのは基本的に暗黒物質だまりにチョロチョロッとガスがある。これがぶつかるとガス同士は普通の物質ですからガチャガチャと反応して、熱くなって摩擦ができて後れを取るんですね。暗黒物質はもうスーッと行ってしまうと。

――　コンピューターシミュレーションで、望遠鏡で撮った写真と同じ形ができるんだ。

村山　それですごくちゃんと理解できるわけですよ。後れを取った普通のガスが、暗黒物質の重力でズルズル引きずられてついていく。それでわかるのは、この暗黒物質は普通のガスとほとんど反応しない。自分たち同士もほとんど反応しない。ニュートリノっぽいですよね。

――　そうですね。

村山　それで、がぜん暗黒物質は素粒子じゃないかという話になってきたわけです。ここまで来たのがもう本当に数年前の話ですね。それで我々の知らない新しい種類の物質が、我々の知っている物質の5倍ぐらいあって、それはほとんど反応しない変なものなんだというところまで来たわけです。

――でも、まだ4％までいかない。暗黒物質が何だかよくわからないとしても、ざっと20％は我々の知っている物質です。

村山 そうですね。4％にいくためには、暗黒エネルギーの話になります。

――その前に、暗黒物質は素粒子っぽいものであるということはもう確定したんですか？

村山 いや、まだ確定とは言えないと思います。データだけを見て、その暗黒物質の重さの範囲を推定すると、実はものすごく大きいんですよ。たとえば、ある研究結果では81けたある（笑）。

――暗黒物質の量が、ですか？

村山 1個1個の重さです。

――1個1個の重さ？　そんな重たい素粒子があり得るんですか？　81乗って、えーっと、1兆を6回かけたものの10億倍。

村山 太陽質量の1000万分の1ぐらいはありうるという計算結果です。

――素粒子一粒で?!

村山 それぐらい、本当にわかっていないということなんですけれども。

――この候補にヒッグスさんは入ってこないんですか。

村山 ヒッグス自身が暗黒物質かもしれないというのは、阪大の細谷裕《ゆたか》さんという人が言っています。最初の方で説明した「Theヒッグス・ボソン」、標準模型のヒッグスだとそれはあり得ないです。だけど「Aヒッグス」で、標準模型とはちょっと違う枠組みで考えると、確かにあり得る。

――あり得る。

村山 うん。それから別の可能性で、これは私の研究の一つですけど、暗黒物質と我々が反応するとしたらヒッグスを通さないといけないという考え方もある。顔なしであるヒッグスさんは、外の世界と通じられる人なんですね。その向こうには暗黒物質がいて、ヒッグスさんなら話ができるかもしれない。我々は話ができない。そういう理論はたくさんあって、暗黒物質と我々をつなぐものがヒッグスである可能性は結構あります。まだ今のところ理論的な話ですけど、ヒッグスは秩序をつくるという大事な役割以外にも、ある意味でメッセンジャーかもしれないという期待もあるわけですね。

――へえーっ、面白い。その場合の外の世界って、超対称性理論の世界ということですか？

村山　はい、超対称性理論では、私たちの知っている素粒子一つ一つにまだ見つかってないパートナーがあるというわけですが、その中で一番軽いやつが暗黒物質の候補になります。これが普通の物質と反応するには、ヒッグス粒子をやり取りするのが一番大きな効果になるんです。

――それでも、まだ4％にいきません。

村山　はい、これからです。

暗黒エネルギー登場

村山　ここまでで物質の内訳がわかった。見えるものと見えないものが約1対5の割合です。見えないものが暗黒物質ですね。じゃあ、両方を足した物質の総量はどうなんですかというのが次の話です。そもそも物質の総量というのは、宇宙の運命にかかわっているということで、昔から興味を持たれていた。なぜかというと、宇宙の膨張とはしょせん重力で決まることだと。それはボールを手に持って上にぽーんと投げるのと同じだ。最初にぽーんと投げる勢いがビッグバンで、ボールがだんだん上に上がっていくというのが宇宙が大きくなる様子。アインシュタインの理論を使うと、宇宙の大きさの変化は、ボールを投げ上げたときの高さの変化とまったく同じ方程式になるんです。

――これがまた、数学の前にひれ伏さないといけないところですね。ボールを投げるときの単純な方程式と、宇宙全体の運命を決める方程式が同じとは、にわかには信じられない。

村山　宇宙全体というような大きな話になっちゃうと、ものごとは逆に単純になっていくんですよ。いま、宇宙は膨張しているとわかっています。この先どうなるか。宇宙にある物質の量が多いと、重力は引っ張るだけだから、あるところで膨張が止まって縮みだす。最後はつぶれてビッグクランチになる。物質の量が少ないと引っ張る重力が小さいので、大きくなり続ける宇宙になる。物質の量をちゃんと測ると宇宙の運命が決められるので、これをちゃんと測りましょう。

――でも、物質の量を測るのは大変だったじゃないですか。

村山　だから直接測るんじゃなくて、今までの膨張の歴史をきちんと調べた。近くの銀河を見たら今の膨張のスピードがわかる。遠くの銀河を見ると昔が見えるので、昔の膨張のスピードがわかる。距離と膨張の速さを比べていくと、どういうカーブに乗っているかわかりますよね。すごい単純なアイデアなわけですよ。これをやれば物質の量が決まって宇宙の運命もわかりますというので観測を始めたのが、2011年にノーベル賞をもらった3人だったわけです。

――パールムッター、シュミット、リースの3人が、宇宙の加速膨張の発見で受賞しました。

村山　この研究で一番トリッキーだったのは何かというと、距離を測るのに超新星を利用したことです。宇宙の距離を見てきたように当たり前に何十億光年とか言っていますけれども、行って測ってきた人はいないわけですよね。実は距離を測るというのが天文学で一番難しい。

そこでこの人たちが考えたのが、ある種の超新星を使うこと。小柴さんの超新星とは違うタイプですけれども、この種の超新星はまずとにかくむちゃくちゃ明るい。超新星というのは、先ほども説明しましたが、ものすごく明るい星が突然現れるのでこの名がついたもので、実態は恒星が死ぬときに起こす大爆発です。その中でもむちゃくちゃ明るいタイプだから遠くの銀河でも見える。まず遠くが見えるのがありがたい。

次にありがたいのが明るさが決まっている。基本的にこのタイプの超新星を見ると、

「あっ、100ワットの電球だ」とわかる。100ワットの電球だと知っていたときに明るく見えたら当然近いです。暗く見えたら遠い。

――それはそうですね。でも、その見えているのが、100ワットの電球タイプの超新星だというのはどこで見分ける？

村山　それは専門的になりますけど、その超新星から来る光の色分けを見ると区別できるんです。具体的にどういうものだと思われているかというと、太陽みたいな星が年老いて爆発して最後に残る芯が白色矮星《はくしょくわいせい》というものです。これはだいたい重さが一緒とわかっていて、その白色矮星の周りに別の星が回っているとその星から来るガスを白色矮星が少しずつ食べる。だけど、あるところで重くなり過ぎると、これもまたグシャッとつぶれちゃう。そのときに爆発したのが100ワットの電球タイプの超新星だと思われているんですね。

――なるほど。

村山　そうすると、限界に達して爆発したというわけですから、限界の重さというのが決まっている。爆発の明るさも決まっちゃっているというふうに一応説明されています。

――わかりました。

村山　距離がわかれば、どのくらい昔にこの超新星が爆発したかというタイミングがわかります。それと同時にその星はだんだん遠ざかっている星なので、星から来る光が引き伸ばされて、見る光はもっと赤く見えていると。

――はい、ドップラー効果ですね。

村山　その赤くなる度合いを見れば、宇宙がどれだけ大きくなったかということが直接測れちゃっているわけですね。それで膨張の情報とタイミングの情報を合わせると、膨張の歴史の情報になりましたというわけで、気が付いてみると昔の宇宙、遠くの宇宙は遅くて、近くの宇宙、今の宇宙の方が速くなっていることがわかったと。

――昔の方が遅くて、最近の方が速い。

村山　そう、それでみんなもびっくり仰天したわけです。だって、重力は引っ張るだけだから上に上げたボールはだんだん遅くなると思ったのが、実は速くなっていたのだから。何か重力に逆らって後押ししているものがあるとしか考えられない。実は宇宙が始まってしばらくだんだん遅くなったという証拠もその後見つかったので、宇宙が始まってしばらくは思っていた通りだんだん遅くなったんです。ところが最近になって、それがグーッとこうスピードが増してすっ飛んでいるんだと。

――最近というのは……

村山 70億年前からです（笑）。

――はあ。それが最近ね（笑）。

村山 ということで、何か訳のわからないエネルギーが存在するというところまでは、これで確立した。なぜかエネルギーが増えていて、それが膨張を後押ししているんだと。それを暗黒エネルギーと呼んでいます。

――先ほどは暗黒物質、今度は暗黒エネルギー。

村山 そう名前がつけられたわけだけれども、正体はよくわからない。ずっと調べていくと、今の膨張がこれだけ加速するにはどれだけ暗黒エネルギーが必要か計算できちゃう。それが宇宙の72％から73％。

――そんなにいっぱいあるんですか。

村山 あるんですね、しかもどんどん増えている。

――勝手に増えているというのは何とも不思議な話。それをこの21世紀になるまで誰も知らなかった（笑）。

村山 誰も（笑）。

――まったくの寝耳に水。

村山　はい。

――今までの物理学では理解不能です。これはエネルギーであって物質ではないんですね。

村山　そのエネルギーと物質と言ったときの区別は、この言い方だとあまりはっきりしないですけど、今までのエネルギーとははっきり違うんです。普通のエネルギーだったら、$E = mc^2$だからエネルギーと言っても物質と言ってもいいじゃないかというわけなんですが、暗黒エネルギーはそういうエネルギーと違う。ちょうど、今までの粒子と全然違う顔なし粒子が突然入ってきたようなものです。原子は、宇宙の一辺が倍になって体積が8倍になると、ちゃんと8分の1に薄まります。

――はい。

村山　暗黒物質の正体はわからないけれども、粒々なのでちゃんと薄まります。だけど暗黒エネルギーで宇宙の膨張を加速しているということを信じると、宇宙が倍になって体積が8倍になると暗黒エネルギーは約8倍になる。

――なるほど。

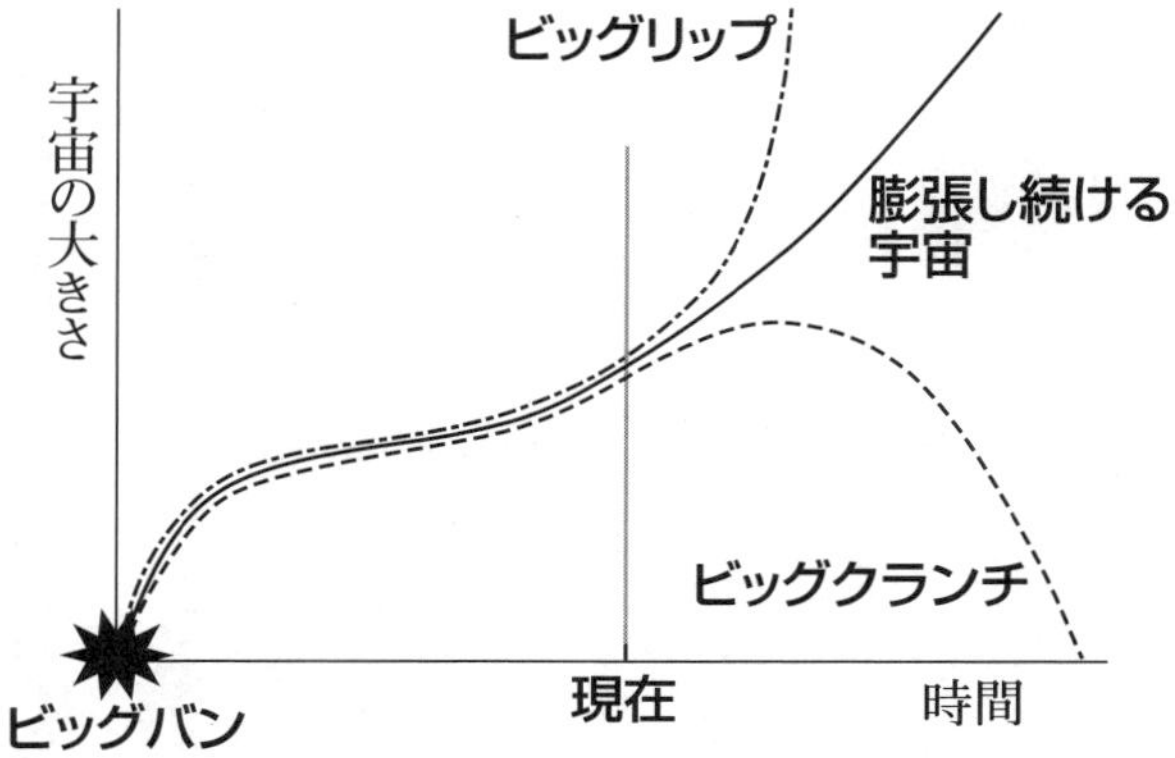

図2　宇宙の三つの運命

村山　普通の意味での物質ではない。よくわからないけれども、そういうものだというところまでは言えるという。でも、これが本当に8倍なのか、実は7倍なのか9倍なのか、そこら辺になるとまだ今の精度の範囲ではわからないんです。これが9倍になるという場合を考えると、宇宙が大きくなるに従ってどんどんエネルギーが増えて、増え方が加速しているというわけです。宇宙の膨張がどんどん速くなっていって、あるところで無限大になっちゃう。宇宙が無限に引き裂かれて、宇宙は空っぽになって終わりです。そういうのをビッグリップと言っているのは、「引き裂く」というリップ（r i p）。宇宙には三つの運命があるわけです。それをグラフにすると、こういう形になる（**図2**）。この宇宙の運命を握っているのは物質の量だと思ったんですけど、ふたを開けてみたら暗黒エネルギーだった。

——これでようやく4％にたどりついたわけですね。宇宙の72％から73％は暗黒エネルギーだった。物質は残りの27％ぐらい。そのうち見えるものと見えないものの割合は1対5だから、私たちが知っている物質は6分の1で、4・5％。四捨五入すると5％になっちゃいますけど、この計算でいいんですか？

村山　はい、一番正確な測定だと4・58％で、誤差が0・16％です。

——宇宙の膨張がどんどん加速し続けると、ビッグリップに至る。そうなっても、私たちは気が付かないですよね、きっと。暗黒エネルギーがあることさえ今まで気が付かなかったんだから。

村山　いや、気が付きますよ。

——気が付くんですか？　どういう状況なんですか？

村山　銀河がバラバラになっていくのが見えます。

——ああ、天文学者が気が付くわけですね、最初に。

村山　そうですね。

――我々の銀河系はどうなるの？

村山 我々の銀河系も星がばらばらになっていくんですね。

――地球に住む私たちはどうなるんですか？。

村山 ここにはもう太陽はないですけど。太陽自身が今から50億年後ぐらいに寿命が尽きますから。

――そうか、このときにはもう太陽はないですね（笑）。

村山 どんどん引き裂かれていって、星もばらばらになって、いずれ普通の物体もばらばらになって、最後、素粒子になっちゃう。もちろん本当にそんなに暗黒エネルギーが強くなったらという前提での話ですけれども。だから物質の総量で宇宙の運命が支配されると思って観測を始めたわけなんですけれども、やってみると違うのが見つかってしまった。そして、そっちがむしろ宇宙の運命を握っていて、物質は実はマイノリティーだった。そのマイノリティーの物質の中のさらにマイノリティーが原子で、その中のさらにマイノリティーが星で……。

――「万物は原子でできている」なんていっていたのは、とんでもない勘違いだったわけですね。ちょうど、太陽は宇宙の中心だと思っていたのが、実は銀河系の端っこにいる恒星の一つに過ぎず、その銀河系も似たようなものが宇宙にはいっぱいあるとわかってきたのと似たような話ですね。人間がいかに自分中心の発想しかできないかを示している。自己チューは人間の基本なのかもしれません。

とんでもなく大き過ぎる

── 暗黒エネルギーの方は、それ以上の手掛かりはないんですか。

村山 これは真空のエネルギーだというのが今の一番の有力な説ですね。

── はい？「暗黒エネルギーは真空エネルギーです」って言われても、全然説明になってないんじゃないですか、それ。

村山 そうですね（笑）。真空エネルギーとは、エネルギー密度が決まっていますというのが定義です。体積とちょうど同じように増えていくエネルギーのことを真空エネルギーと呼ぶ。さきほど話した不確定性関係で、真空はエネルギーを持っていてもいいじゃないかということもいえるので、そうやって借りてきたエネルギーが暗黒エネルギーじゃないかという説が有力になっているわけなんです。

── 宇宙の最初のときに借りてくるやつですね。借りてくるやつがそんな大きいんですか。

村山 そこはだから非常に困っているところなんですが、その大きさを計算してみると、むしろとんでもない答えが出て、大き過ぎるんですよ。

――そんなに借りられるんだ。

村山 うん。ざっと見積もってやると、欲しい値よりも120けた大きい値が出る。

――さっきは81けた、今度は120けた。

村山 もうちょっと正確に言うと126けたなんですが、これはすごい困ったことで、数学の方を信じるとすると、解明すべきなのは今こんなに小さいのはどうしてなのかなんですけど（笑）。

――126けた分の1しかない（笑）。

村山 70％もあるのかと驚いたのが、今度は何でチョビッとしかないのかという話になっちゃうんですよ。これはすごい深刻な問題で、本当にそんなものがあるべきだとすると、今の量にしようと思ったら、そのほとんどをキャンセルする何かがあって、126けたビチッと貸し借りがキャンセルして、残ったお釣りが今の暗黒エネルギーだという話になりますよね。

―― はい。

村山 ちょっと信じにくいじゃないですか。

―― 126けたと言われても、その大きさがピンと来ませんが、これはとんでもない大きさですよね。えーっと、宇宙が誕生して137億年ですが、これを秒で表しても137億×365（日）×24（時間）×60（分）×60（秒）で、4×10の17乗秒にしかならない。光速は毎秒30万キロだから、宇宙の最初から走ってきた距離は12×10の22乗キロになる。ミリで表しても12×10の28乗ミリ。ナノメートルで表しても、12×10の34乗。126乗なんてはるかに届かない。

村山 だから、126けたの上125けたがピタッと合って、最後の1けただけ違うなんて、さすがに自然もそこまでやらんだろうと普通思うわけですよ。でも、それが事実だとしたら、じゃあ、どうするんだと。そこで、みんなが言いだしたのは、じゃあ、宇宙はたくさんあるんだと言いだした。

―― また「宇宙はたくさん」ですか。そっちからも出てくるわけですね、不確定性原理だけじゃなくて。

村山 ええ。なぜそういうふうに言っているかというと、宇宙がもしたくさんあるんだったら、ほとんどの宇宙は、そういうばかでかい暗黒エネルギーがあって……

――あっという間に膨張する。

村山　そう。もう宇宙ができた瞬間にもうばーっと引き裂かれちゃって空っぽになって終わるんだと。

――それはいいかも。面倒なものは消えてくれる。

村山　そうすると人間はできない。

――そうですね。

村山　ほとんどの宇宙はそうなんだ。だけど宇宙が10の５００乗分あれば。

――はい、今度は５００乗分。もう驚かない。

村山　たまには暗黒エネルギーがちょうどいいあんばいの宇宙もあって、しばらくは膨張を続けて、ちょうど人間が生まれるぐらいの時間は与えられる。

――なるほど。

村山　そういう宇宙しか知的生命体がいないから、そういう宇宙しか観測されなくて、だから今の宇宙はこういうふうに見えるんだというのが「人間原理」という考え方です。

――人間原理は宇宙論の世界で結構昔からある考え方ですね。どうして宇宙はこうなっているのか、例えば電子や陽子の重さは何でこの値なのかは、今の物理学では説明できない。そのとき、別の値でも宇宙はできるんだけれど、そういう宇宙では人間のような知的生命体は生まれないと考える。人間が誕生するためには、この値が必要だったということで説明してしまうのが「人間原理」ですね。どんな疑問も「そうでなければ人間が誕生しなかったから」で説明がついてしまう。人間原理は誰も反論できないから、そう考えるのもいいと思うんですけど、でも、そのときにその10の500乗個の宇宙が必要だというのは確かなんですか。

村山　それは確かじゃないです。10の500乗と言っている根拠は、超弦理論とかひも理論とか言われている理論です。実は量子力学と重力って仲が悪いんですが、これを統一して説明できそうだって期待がもたれているのがひも理論。

――　素粒子は粒ではなくて、クネクネしている「ひも」だと考える理論ですね。このアイデアをいち早く出したのも南部陽一郎さんなんですよね。資料を見ると、南部さんがひも理論を提案したのは1970年です。

村山　長いことひも理論は、この宇宙を本当に説明してくれると思われていた。法則がちゃんとつじつまが合うためには、この宇宙じゃなきゃいけないという答えが出ると思ってみんな頑張ってきたわけなんですよ。ところが最近になって、答えがたくさんあることがわかった。ざっと10の500乗ある。

――そこから出てきたんですか。

村山　宇宙がそのぐらいあるんだと。だからそんなに答えがあるなら、うちの宇宙はその中の1個でいいんだから、もう悩まなくていいじゃないかというわけです。

――なるほど。127乗とは別の計算で500乗が出てきたわけね。

村山　ええ。

――そうすると500と127はいい感じ。500乗回もチャンスがあれば、127ケタがピタッと合ってほんの少しお釣りが出ることもありそうだ。いや、非常にエキサイティングな話です。

XMASS

――こういうとんでもない話の数々に決着をつけようというのが、村山さんがリーダーを務めている数物連携宇宙研究機構という研究所なんでしょうか?

村山　はい。哲学的な話になる前に、ちゃんと実験と観測と理論を比べて調べようとしています。まずは暗黒物質の正体を知りたいと頑張っています。正体を知るためには、ともかくつかまえたい。性質はニュートリノに似ているのだから、ニュートリノと同じような考えでつかまえられるんじゃないか。カミオカンデがニュートリノをつかまえるときに使ったのは水ですが、水だとつかまえにくいということはわかっているんです。暗黒物質が素粒子だとすると、そいつが水にぶつかったときに落とすエネルギーはほんのチョロッとだと計算できているんです。

――へえ。

村山　暗黒物質自身は結構重い素粒子かもしれないけど、わりとゆっくり運動しているので、ゆっくりというのは光速の1000分の1ですけど、ぶつかったときに落とすエネルギーは本当にチョロッと、コツンというだけ。そのほんのちょっとのエネルギーをつかまえられるような装置を作ろうと思うと、もうすごい感度が必要なわけです。そこでIPMUの人たちが作ったのがXMASS（エックスマス）という装置（**写真3**）で、これは水ではなくキセノンを使う。キセノンガスを液化してギュッとためたものを作るわけなんですけど、キセノンが素晴らしい理由は三つある。まず原子核が大きい。だからぶつかりやすい。

写真3　XMASS（東京大学宇宙線研究所 神岡宇宙素粒子研究施設提供）

——なるほど。

村山　それがまずありがたい。二つ目は、キセノンは希ガスなので、邪魔物が混じりにくい。液化した瞬間に邪魔物は基本的に外に追い出される。水は逆に一番きれいにするのが難しい物質で。

——そうです。何でも溶けちゃいますからね。

村山　水をきれいにするのにカミオカンデはすごい苦労したわけですね。キセノンだと、放射性物質とかそういう邪魔なものが入りにくい。

——希ガスって不活性ガスとも言いますよね。

村山　はい、その方がたぶんイメージがしやすいですね。三つ目は、暗黒物質がキセノンの原子核をコツンとたたいたとすると、原子核はズルッとずれて、周りの電子がオーッと付いていくわけですね。オーッと付いていくときに光を出します。

それを我々は観測するんですが、その光の量がキセノンはすごく多い。ほかのいろいろな物質に比べて。

――そうなんですか。

村山 ちょっとのエネルギーでも、わりとたくさんの光が出てくれるんです。それを1トン集めて液化して、もう実験が始まっています。

XMASSは宇宙から降っている暗黒物質がたまたまぶつかってくるのを待つというわけですから、前も使った譬《たと》えでいうと、徳川家康的ですよね。ホトトギス、鳴くまで待とう、という感じです。ホトトギス、鳴かせてみようとやろうとしているのが、セルンのLHCです。

――はい。

村山 ここでもう一遍ビッグバンをやり直せば、重い素粒子も作れて、その中に暗黒物質も混じっているだろう。作っちゃおうということを考える。

――作っちゃうというけど、それが暗黒物質だということはどうやって判断するんですか。

村山 うん、それはすごく大事なポイントで、だからIPMUでそれをいろいろ研究しているわけなんです。ＬＨＣでは、基本的に上の方だけにいろいろなものが出ていて、下には何も出ていないように見えるものを探します。陽子と陽子が正面衝突したときにこういうことはあってはならない。上と下は同じなんだからバランスしなきゃいけない。ということは、下からは見えないものが出ているというのがわかる（**図３**）。

――なるほど。

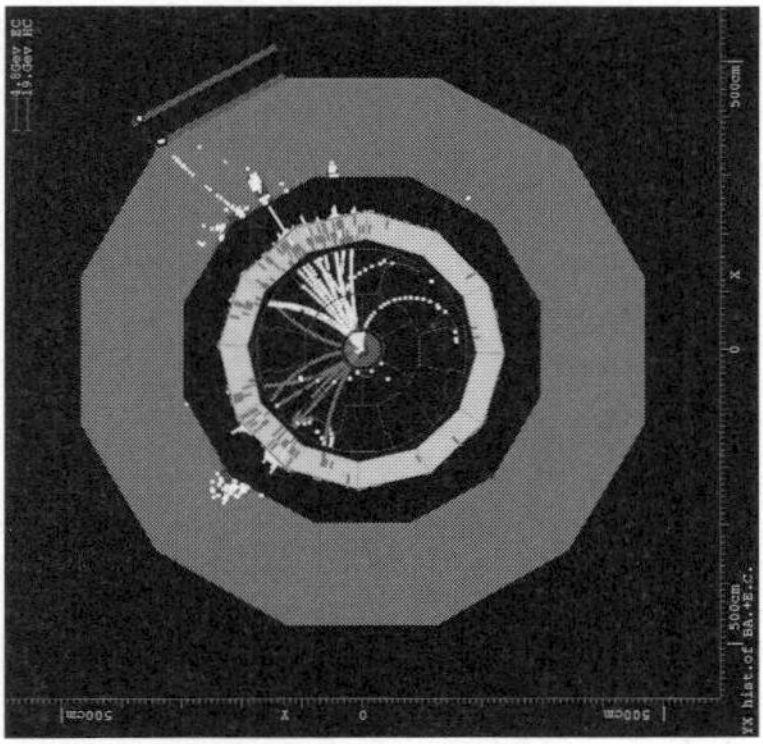

図３　（CERN提供）

村山　だから丁寧に調べれば、見えないものがでてきたということがわかる可能性がある。それこそ５シグマになると何か見えないものが見つかったといえる。でも、これでは見えないと言っているだけで、どういう性質の見えないものかがわかりにくいじゃないですか。

――そうですね。

村山　それを考えるというのも我々の研究の一つで、データから間接的にスピンや重さを突き止める方法を考えるようなことをやっていくんです。

これもなかなか難しいですが。
だから、もしそういうのが見つかってきたら、リニアコライダーが欲しくなる。望みとしては、宇宙の観測で暗黒物質の量や性質がある程度わかる。少なくとも81けたの中に収まっているとわかる。次にキセノンを利用してつかまえる実験で、普通の物質とどのくらい反応するものかというのがわかるし、重さの見当もだいたいつく。

――　重さの見当はつきそうですね。

村山　最後に作っちゃおうというのができるようになると、特にリニアコライダーみたいな精密実験ができるようになると、重さとか、ほかの粒子との反応の確率であるとかがもっと正確に測れるようになる。最後はこれがちゃんとつじつまが合うかという問題になるわけですね。全体のつじつまがうまく合えば、初めてそこで「暗黒物質の正体がわかる」というわけです。

――　でも、きっと1種類じゃないような気がするんですけどね。

村山　そうかもしれない。たくさんあるかもしれないです。暗黒物質の方も周期表があって。

――　そうそう、そんな感じがする。

村山　そういう可能性もある。

――本当に果てがないですね。

【ティータイム4】「帰国子女」＋「考える理科教育」＋「米国の風土」

（高橋真理子）

理屈っぽい話が続いたので、ここらでお茶にしましょう。村山さんを初めて取材したのは、ノーベル賞日本人4人受賞に沸いた2008年の暮れです。IPMU機構長に就任してほぼ1年という時期でした。当時、私は朝日新聞の科学エディター（科学部長）をしていました。科学グループは「科学面にようこそ」というウェブコンテンツも作っており、新年最初の原稿は私が書くことになっていました。それで、年の瀬のよく晴れた日、米国に帰る直前の村山さんと上野駅（IPMUがある千葉県柏から成田に向かう途中の乗り換え駅です）で待ち合わせ、カフェでお茶を飲みながら生い立ちなどを聞いたのでした。そのときの話をもとに、「IPMU機構長の誕生まで」をご紹介しましょう。

生年は東京オリンピックが開かれた1964年、父上は大手企業の研究者です。自宅には物理や数学の本がたくさんありました。小学生のころはぜんそくで学校を休みがちで、家で中学生向けの教育テレビを見たり、父上の本に手を伸ばしたりすることが多かったそうです。都内の小学校を三つ変わり、小六で家族とともにドイツへ。中三までデュッセルドルフの全日制の日本人学校に通いました。帰国して、国際基督教大学（ICU）付属高校に入学。そこで、物理教育の改革者で「考える力をつける理科教育」を広める活動を実践されている滝川洋二さんに出会います。「ガリレオ工房」という団体を作って、その理事長も務めている方です。『ガリレオ工房の科学あそび』など、ご著書もたくさんあります。

滝川先生の物理の授業は、いつも実験室だったそうです。初授業は、実験室のテーブルの上に水をちょっと落とし、できた水滴をピンを付けて引っ張るというものでした。なぜズルズルと水滴がついてくるのか、理由をみんなで考える。「とにかく問題だけ与えられて理由は自分で考えろ、みたいな感じ。だから、受験にはほんとに役に立たない。最初に模試で取った物理の点数は46点でした」

その後の模試では点数を上げたのでしょう。82年に東京大学に入学します。「ドイツの日本人学校で日本と同じ教育を受けていたはずなんですが、帰ってきてみると、かなりずれていました。ICUは帰国子女ばかりだったので問題なかったんですが、東大に入ってびっくりした。日本って、年齢で偉さが変わりますよね。下級生は上級生に敬語を使わなくちゃいけない、とか。それに反発があって、実力だけで判断される研究者がいいと思った。もちろん、大学に入ったときから何となく根本的なことをやりたいという気持ちもありました」

理学部物理学科に進み、大学院では素粒子論の研究室に入ります。理論だけの勉強に飽きたらず、つくばの高エネルギー物理学研究所（当時。現在の高エネルギー加速器研究機構）で実験のことも学びました。そこで身につけたことは大きかったといいます。91年に博士課程を修了して、東北大の助手に。2年後に米国に渡り、ローレンス・バークレー国立研究所員、カリフォルニア大バークレー校助教授、准教授とステップアップし、同校教授になったのは2000年、36歳のときでした。日本でピアノ教師をしていたお連れ合いは、米国の音楽大学の修士課程を終えてプロの教会オルガニストになり、1男2女の子どもにも恵まれました。

「僕は日本の先生から励まされた記憶があまりないんですが、アメリカに行ったら最初の国際会議で有名な物理学者から『いい仕事だ。がんばれ』と言われ、ものすごく励まされました。米国では若い人をもり立てるんですね。逆に偉くなるほど風当たりが厳しくなり、国際会議でも有名な人がこてんぱんにやられます」

日本からふたりの東大教授がカリフォルニアにやってきたのは2007年春。「文部科学省が新たに始めた『世界トップレベル研究拠点プログラム（WPI）』に東大も応募したいので、所長候補として申請書を書いて欲しい」といきなり言われたそうです。拠点の活動費は年間14億円。「年功序列の日本社会で僕みたいな若造の申請が通るわけがない」と思ったけれど、先輩の頼みは断り切れず、締め切り4日前に提出。すると見事採用となり、2007年10月1日にIPMUが発足したのでした。機構長就任は、翌年1月4日でした。

第5章
宇宙の始まりにたどり着く道

虚時間の真実

――この宇宙はいったいどうやって始まったのか、というのは誰しもが抱く疑問です。これまでお伺いしたさまざまな研究も、そこを目指していると言っていいですね。

村山　ええ。暗黒物質の正体がわかるということは、宇宙が始まって約100億分の1秒ぐらいの宇宙がわかるということです。現在、宇宙誕生から3分ぐらいまではさかのぼることができています。そのころ、陽子と中性子がヘリウムを作った。その計算と宇宙のヘリウムの量が合うので、ここら辺までわかっていると思っているわけです。ヒッグスが本当に正しくて、宇宙がある瞬間に凍り付いたと考えると、その凍り付いた瞬間は宇宙が始まって1兆分の1秒ぐらいです（**巻頭口絵「宇宙の歴史」参照**）。

――かなり宇宙の始まりに近づきますね。

村山　宇宙の始まりに一番近づけそうだと期待されているのが、宇宙誕生時の急膨張、インフレーションから来る重力波です。時空のゆがみが波動として広がっていくものですね。インフレーションでガーッと膨張したので、その前に貸し借りしたやつはそのまま残っちゃったはずですね。

——ええ。

村山　重力自身は、そのときにあったわけだから、空間のでこぼこというのがそのときできたはずで、それが重力波として今も飛んできているはずだと言うんですよ。重力波を見るのは、すごく難しいんですけど、インフレーションから来る重力波の間接的な証拠が見られるんじゃないかという実験が今なされています。ヨーロッパが上げたプランクという衛星があって、その実験データから見つかるという可能性はあります。

——そうなんですか。

村山　私自身もニュートリノの親分がインフレーションを起こしたという論を提唱していて。

——親分って何ですか、親分って。

村山　これを正確に説明しようとすると厄介なんですけれど、ニュートリノには変な性質もあって、それらをうまく説明するのに顔なしのでかい親分がいると考えるといいという理論がある。シーソー模型というんです。親分の重さもだいたい見当がついて、そうすると、これがインフレーションを起こすのに欲しい粒子の重さと結構同じ範囲に来る。

——いい感じなんですか。

村山　二けたぐらいの間ということなんですけど（笑）。
――二けたなら十分いい感じです（笑）。
村山　それだと、プランク衛星も探しているし、もっといい精度で測ろうというアイデアもいろいろある。
――地上からは見えないんですか。
村山　地上でも見られるかもしれないんですが、宇宙をすごく広範囲に見ないと見えないということもわかっています。宇宙全体を見るというと、やっぱり衛星実験の方が向いている。地上に置いちゃうと場所が決まっちゃっていますからね。
――確かに。でも、地上でも重力波を見ようとしていますよね。
村山　しています。あれは全然違う種類の重力波です。言ってみればテレビとラジオぐらい違う。それもすごく難しいです。例えば今、日本が造っている「かぐら（KAGRA）」という実験装置はレーザーを行ったり来たりさせる、3キロぐらいの長さのものです。その3キロの両側に鏡があって、ちょっとのずれで空間のゆがみを見たいというわけなんですけど、どのくらいずれるかというと、10のマイナス16乗センチ、原子核の大きさの1000分の1。

――　3キロに対して10のマイナス16乗センチ。キロメートル同士で比べると、10のマイナス21乗ですね。

村山　ちょっと信じ難いですね、こういうのができるって。めっちゃめちゃ難しいです。

――　宇宙の始まりといえば、ホーキングさんが唱えた「虚時間」というのが一世を風靡しましたね。簡単に言っちゃうと、我々が生きているのは実時間が流れている世界で、それは虚数の時間が流れている世界から自然に――自然にというのは特別なことがなくスムーズに、というイメージですが――、生まれたというものです。彼が書いた『ホーキング、宇宙を語る』という本は世界的なベストセラーになりました。実は私、そのころ彼にインタビューしたことがあるんです。

村山　へえ、そうですか。

――　インタビューと言っても、彼が東大で講演して、その後の懇親会でチョコッと話を聞いたという程度だったんですが。ご存じのように彼はコンピューターで音声を作る器械を使って会話する。だから、こちらが質問してから答えが返ってくるまでとても時間がかかる。それで、つい遠慮してしまって、大したことは聞けなかった。当時、彼が離婚したことが外電で報じられていて、一番聞きたかったのはその理由だったんですけれど、さすがにそれは持ち出せなかった。でも、同じときに英国の天文学界の大御所、マーティン・リースさんもいらしていて、私は彼に「虚時間というのがどうしてもわからない」と質問をぶつけたんです。虚数というものは知っている。時間も知っている。でも、虚数の時間となると皆目わからない、と。もちろん、「それはこういうものです」という解説を期待していたわけですが、そのときの答えが「私もわからない」だった。

村山　私もわかりません。（笑）

——取材記者としては意表を突かれたわけですが、気を取り直してこう聞きました。「ホーキングさんの主張が正しいか、間違っているか、私が生きている間にわかるでしょうか」。そうしたらリースさんの答えはあっさり「無理でしょう」だった。以来、私は虚時間について考えるのをやめました（笑）。

村山　実は、時間を虚数にするということは、計算の技術として使われてきたものです。ですが、時間が「本当に」虚数になるというとちょっと話が違います。

——そうですよね。ホーキングさんは、時間が「本当に」虚数になると言ったんですよね。それがどういうものかは理解できないけれど、ホーキングさんがそう言い出した理由は理解できる。宇宙が始まる前のことはどうやってもわからないからです。

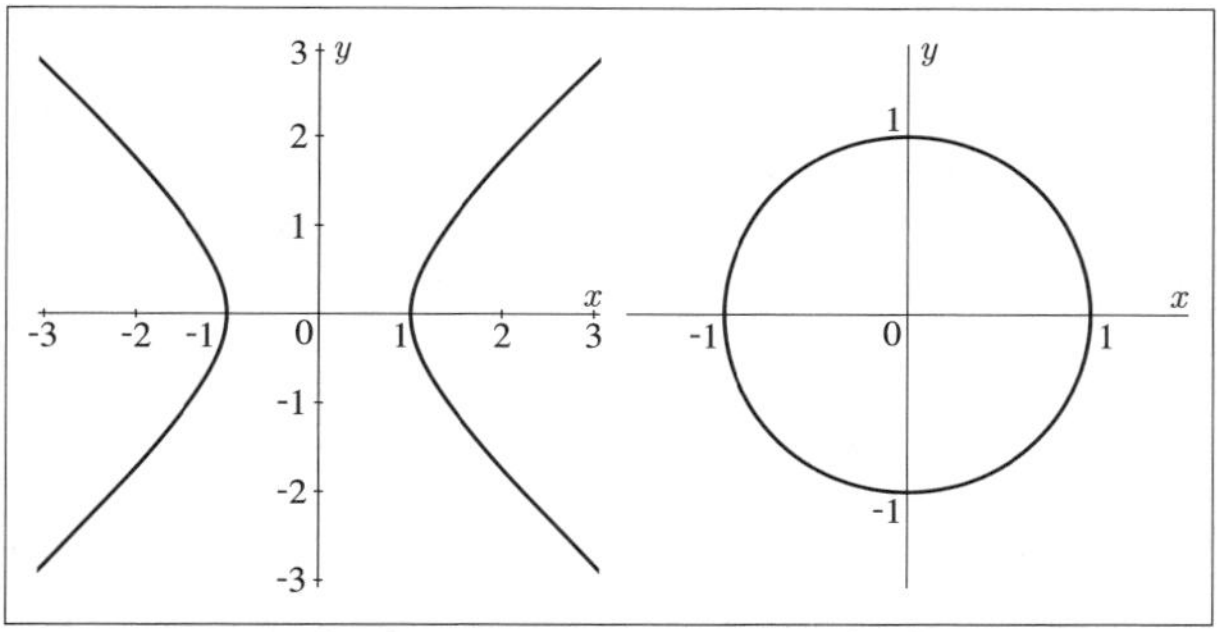

図1　二次曲線。$x^2-y^2=1$は双曲線となり（左）、$x^2+y^2=1$は円となる

村山　その通りです。ホーキングが言っていたのは、よくいろんな方に質問される「ビッグバンの前は何があったのですか」という問いに答えようとするものです。ビッグバンが時間の「始まり」というと、当然気になりますよね。ホーキングの「無境界仮説」というのを簡単に言うと、時間が実数だと時間に前と後ろ、未来と過去の区別ができてしまって、「始まりの『前』」が気になる。ですが、時間を虚数にしてしまうと、空間と同じになって、右にも左にも行かれる、だから「始まり」もないし、「その『前』」なんて考えることがおかしい、というのです。

これは実はちょうど高校数学で習う二次曲線と同じです。双曲線は$x^2-y^2=1$で、xは1から始まっていくらでも右に伸びていきます（**図1の左**）。これが実時間。ここで虚数にすると2乗の符号が変わりますから、$x^2+y^2=1$を考えると円になってしまって（**同右**）、右と左が対称的。これが虚時間で「境界がなく」「過去と未来に区別がない」状況です。だから、「始まりの『前』」は問題じゃなくて、「前」と「後ろ」に区別がないんだ、と。でもどうして虚時間が実時間になったのか説明してくれないので、結局、煙に巻かれて終わる感じです。

――やっぱり虚時間はわからないまま棚上げしておくしかないですね。一方、宇宙が始まった後のことでも、わからないことはまだまだたくさんある。暗黒エネルギーは今後どうなりますか？

村山　基本的にやることは、これまでと同じ。宇宙の過去の膨張の歴史をもっと正確に測る。それをやるために最初は超新星を使ったわけですが、超新星自身、めったにないじゃないですか。

――ええ。

村山　だから、なかなかデータがたまらないんですよ。何か別の方法がないかと思っていろいろ考えたら、有望な方法が最近出てきました。

宇宙の国勢調査

――どんな方法ですか？

村山　これは過去数年ぐらいにやっとやり方がわかってきた話なんですけど、遠くの銀河の集まり具合を見るんです。例えばビッグバンの名残の様子を見ると、少しまだら模様があるとお話ししました。これをしばらく見ていると、まだらの大きさって「だいたいこのぐらい」という特徴的な大きさがあることに気付く。

もう少し近くの銀河にも、集まり方にやっぱり特徴的な距離があるんです。これはなかなか見るのは難しくて、銀河1個1個を見ていてもよくわからない。しかし、たくさん集めると、「本当はこういう特徴的な距離があるんです」というのが見えてくる。言ってみれば、国勢調査をやると全体的な傾向が見えてきますというようなもの。そういう、銀河をたくさん集める国勢調査を今やろうとしています。

ハッブル望遠鏡はすごい性能がいいわけですけど、あれで国勢調査をやると1000年かかる。視野が狭いからです。すばる望遠鏡というハワイに日本が持っている望遠鏡は、実は視野がすごく広い。しかも、望遠鏡自身も8メートルと大きいので遠くまで見える。ハッブル望遠鏡の1000倍視野があるので、ハッブル望遠鏡で1000年かかる国勢調査が基本的に1年でできる。

――1年でできちゃうんですか。

村山　実際には5年ぐらいかけるんですけど、それをやろうということで、そういう視野の広い装置を今まで造っていました。

――望遠鏡を造っていたんですか？

村山　いや、すばる望遠鏡につけるカメラを造っていて、それがやっとできたんです。望遠レンズを組み込んだカメラが3トンぐらいの重さ。そこのカメラというのが、普通のデジカメと同じCCDという技術なんですけど画素数が9億あります。それだけ画素があると、パッと写真を撮っても1個1個の点々がちゃんと見えて、1個1個の銀河がちょっとゆがんでいるというようなこともちゃんと見える。5年間でざっと10億個ぐらい銀河を見ようとしています。その次に、その銀河から来る色も大事だというわけなので、プリズムのような分光器も必要になるんですね。

――それも造る。

村山　その分光器を今設計しているんですけど、これも銀河1個1個を見ていたんだと1000年かかるわけだから、いっぺんに1000個の銀河、本当は2400なんですが、2400個の銀河を分光できる装置を造ろうとしている。そのために光ファイバーを24

00本持ってくるんですね。1個1個のファイバーを欲しい銀河にピタッと向けて、その銀河の光だけ選んで受ける。ピタッと向けさせるには、ロボットを使う。1個1個のロボットの先がピコッと動くんですよ。ピコッ、またこうピコッと。しばらく調整を続けていくと、約10ミクロンの精度でファイバーの先を欲しい方向に向けられる。その調整を数十秒でやらなきゃいけない。すばるだと15分じっと我慢して光を撮った後、またピコピコッとやって欲しい方向に向ける。これを繰り返す。

こういう装置を今設計中です。IPMU主導でカルテック（カリフォルニア工科大学）、プリンストン大、マルセイユ大、ジョンズ・ホプキンス大、あと台湾とブラジルのチームが入って、これも国際協力ですけど、これだけ人が集まらないと、そういう装置もできない。

――さっきのロボットなんかは日本が得意そうですけどね。

村山　ええ。でも、あれは実は……

――アメリカなんですか。

村山　アメリカの技術で、NASAのジェット推進研究所のデービッド・ブローンという人がやっているんです。本当にこの人はメカの天才で、火星に行って動き回ったロボットがあるじゃないですか。

――マーズローバー。

村山　あれを造った人です。そういうのを使うと、今までの宇宙の膨張の歴史がもっと精密にわかります。そうすると、暗黒エネルギーが体積と一緒に8倍になるのか、7倍なのか、9倍なのか、測れるようになる。でも、これも10年がかりですけど。

――すばるさんは、その装置を取り付けるのをオーケーしているんですか。

村山　それはすごく難しい問題で。

――やっぱり（笑）。

村山　すばる望遠鏡はみんなで共用する施設じゃないですか。みんな使いたいんですよね。8メートルの望遠鏡なんてもちろん造るのも大変だったし、みんなが使いたい望遠鏡なので、観測時間の取り合いになります。今度の装置は基本的に写真をパッパッと撮ってくるわけですから、そこにたまたま写った超新星を調べたい人もいるし、いろいろな人が使えるんですね。

――そうでしょうね。

村山　だから取ったデータをみんなで共有しますという合意の下で、すばるを使わせていただくことになります。

――暗黒エネルギーについては、それが二大プロジェクトですか。

村山 そうです。最初にカメラで写真を撮る、その次が分光をやる。それで、宇宙の膨張の歴史を精密に測っていく。

――分光の方はもっぱら暗黒エネルギーの解明のため？

村山 それもいろいろなことができるんです。例えば、私たちの銀河がどうできたかというのも面白い問題なんですね。太陽系は私たちの銀河系の端っこの方にいるじゃないですか。郊外の新興住宅地と言っているんですけど、本当に新興住宅地で、太陽はまだわずか46億歳、銀河系自体は百数十億歳だと思われている。

――百数十億歳？　宇宙ができたのが137億年前ですよね？

村山 110億歳とか、120億歳ぐらいだと思われる星があるんです。だから私たちの銀河系は、たぶんすごく古いんだけれども、その周りにちっちゃい銀河がたくさんあって、それをのみ込んで太ってきた。

――なるほど。

村山 太陽系は、わりと最近のみ込まれて、そのときにガスがゴシャゴシャもまれて、元気になってできた星だというふうに考えられている。私たちの銀河系がどうやって成長してきたかというのは、これはこれですごく面白い天文学のテーマなんです。1個1個の星の場所だけじゃなくて動きも測ると、その星が昔どこから来たかというのがわかる。分光器を使うと、場所の情報と動きの情報を総合して過去を逆算してやって、その星がどっちから来たか探ることができる。銀河考古学です。

――なるほど。

村山 それからもう一つは、銀河進化という分野があって、我々は新興住宅地だからいいんですけど、ほとんどの銀河は、もう高齢化しているんですよ。ほとんど新しい星ができていないんですね。新しい星が盛んにできたという時代は、宇宙が始まってから数十億年間のことです。だから銀河がどうやって成長して育ってきたかを知りたかったら、結構、昔の銀河を観測しなきゃいけない。ところが、遠くの銀河は結構早く遠ざかっているので、光がかなり赤い方にずれていって、ほとんど赤外線になっちゃう。そのために今までの観測装置ではなかなか見られなかったんです。

――遠ざかっている星から届く光は、ドップラー効果で赤い方にずれ、ずれが大きいと赤外線になってしまうわけですね。赤外線も光も同じ電磁波ですけれど、光をよくキャッチする装置では赤外線をキャッチできない。

村山　我々は赤外線も見られるように設計したんです。そうすると暗黒エネルギーの研究にも使えるんだけど、銀河考古学や銀河進化の研究にも使えるので、天文学の人もハッピーになると売り込んでいる。

――なるほどね。一つの観測装置が多目的に使えるわけですね。

村山　アメリカでつい最近承認された大きな望遠鏡というのは、売り文句がもっとユニークです。これで「地球を救う」というんですよ。すばると同じぐらいの大きな望遠鏡で、我々のは9億画素と言いましたけど、こっちは30億画素。しかも、ほとんど1日で全天を見ますと言うんですよ。何をやるかというと、カメラをシャカシャカッてやって全天を撮っていくんです。遠くの銀河を見るには、それじゃ露出が短か過ぎて見えないですけど、そういうのを毎日のように繰り返して画像を何遍も何遍も重ねていって見るんです。一番の目的は宇宙の国勢調査なんですが、こういうやり方をすると、今日は見えたものが明日は見えないとかというのがわかるじゃないですか。それで、地球を目掛けてやって来る小惑星が見つかります。

――おお、危険をいち早く察知できる。

村山　地球を救う望遠鏡（笑）。

――先日、ロシアに隕石が落ちたばかりだから、ぶつかりそうな小惑星を早めに見つける望遠鏡というのは、政治家にもアピールしますね。ただ、たとえ早めに見つけても、小惑星の軌道をどうやって変えるのかという大問題が残るんですけどね。その「地球を救う望遠鏡」は望遠鏡自体から造るんですか。

村山　望遠鏡をゼロから造るんです、南米チリの山の上に。たぶん1000億円近く掛かると思いますけど。全部のお金はまだ付いてないですが、設計が済んで、その設計の審査があって、これならできるという承認が下りた。これから予算確保に動くので、まだすぐできるわけじゃないんですけれども。

――これが、IPMUの「すばる増強型」望遠鏡のライバルになる。

村山　そうですね。2025年ぐらいから始まる計画なので、何とかそちらができる前に先を越したいと思っているわけです。

――謎の暗黒エネルギーを解明しようという壮大な研究でも、直接の原動力はライバルとの競争だったりするわけですね。そういう点では、人間がやることってどこでもあまり変わらない。がんばれIPMU！

村山　ありがとうございます。

【ティータイム5】IPMUってどんなところ？

（高橋真理子）

IPMUは、Institute for the Physics and Mathematics of the Universe（宇宙の物理と数学のための研究所）の頭文字をとったものです。でも、どうにも発音しづらくて、つい「IMPU」と言ってしまったりする。試しに声に出して言ってみてください。IMPUの方が言いやすいでしょう？　もし「IMPU」だったら、「アイエムピーユー」じゃなくて「イムプ」が愛称になるかもしれません。これなら「NASA（ナサ＝米航空宇宙局）」と同じぐらい言いやすい。ただし、マサチューセッツ工科大学（MIT）を「ミット」と発音するのは日本人だけだそうで、「エムアイティ」と発音するようにと指導を受けたことがあります。日本人が勝手に「イムプ」などと呼ばないように、「IPMU」としたのかしらん。もちろん、「物理（Physics）」の方が「数学(Mathematics)」より先だという明確な意思があってのことに違いないとは思います。ところが、日本語名称では、「数物連携宇宙研究機構」となっていて、数学が先に来ている。確かに、「物数」だと何だかしっくりこない感じはします。無意識に「物の数」と読んでしまうからでしょうか。「ぶつすう」という響きより「すうぶつ」という響きの方が美しいとも感じます。なぜでしょう？　科学の世界だけでなく、言葉の世界も不思議にあふれています。

――IPMUって、日本語の名前は長いし、アルファベット4文字の略称も覚えにくいし、その点で広報戦略を間違えていると思うんですけど。

村山　そうですね、反省してます（笑）。でも、科学者仲間では、日本に今までなかったような研究所だと注目されているんですよ。一つは、いろいろな分野の人をとにかく無理やりですけど一緒にしてやろうとしているというところ。普通は数学の人は自然科学に興味がなくて数学だけやっている。天文学の人も暗黒エネルギーは興味ないし、物理をやっている人は1個1個の星には興味がないと言うんです。

――わかります。星座の名前を知っている物理学者って案外少ないですよね。

村山　最近は天文学者でも結構知らない（笑）。だけども実はそういう多様な人たちが一緒じゃないと、宇宙はわからない。星を知っている人がいなかったら星を使って宇宙膨張を観測することができないし、数学の人がいないと、法則を説明するボキャブラリーが足りない。そういう人たちを一緒にするというのは今までにない試みだと。もう一つは、国際的だということですね。いろんな国のひとがワイワイ研究するというスタイルが、これまでの日本になかったと思うんですね。

――いま研究所員は何人ぐらいいらっしゃるんですか？

村山　常駐組が約100人、他の機関と併任でちょくちょく来る人を入れると200人くらいになります。

――千葉県柏の東大キャンパスの一角にあるんですね。米国のカブリ財団から研究資金を

米国カブリ財団から研究資金の提供を受け、名称が「カブリ数物連携宇宙研究機構」となったときの記念式典。右端が村山機構長

もらえることになって、2012年から名称も「カブリ数物連携宇宙研究機構」に変わった。その記念式典にお邪魔しましたが、風通しの良い、広々とした気持ちの良い建物でした。組織の風通しも良さそうですね。**上の写真**は私が撮ったものです。

村山　これは本当に手前みそですけど、研究所がどのくらい世界で知られているかというのを、最近、測ったんですよ。我々がやったんじゃなくて、我々がちゃんとやっているのかどうか審査する立場である文科省が業者を雇って国際的認知度を測った。

同じようなお金を文科省からもらっている研究所が今、日本に6カ所あるんですが、その中でうちが一番知られていた。科学雑誌に論文を出している著者を無作為に選んで、「この研究所の名前は聞いたことがありますか」「リーダーの名前を知っていますか」「どういう研究をしているか知っていますか」というようなことをアンケートしたんです。

―― 村山さんの名前もよく知られている。

村山 ええ。これが日本の国策としてやられていることも皆さんよく知っていてくれている。

―― へえーっ。

村山 ただ、この研究所は10年の期間限定で作られたんです。だから、2017年に文科省からの予算がなくなる可能性がある。せっかく世界中から来てくれた研究者はそのときどうするのか、すごく心配しています。それが今は悩みの種です。

―― IPMUのホームページには、「目的」の次に「寄付のお願い」というのが出ているんですよね。「機構案内」や「研究活動」より前に。

村山 ええ。私は小さな会社の社長みたいなもので、社員の生活を守らないといけない。でも国からのお金だと年度主義なので貯金できない。貯金ゼロで従業員100人の会社の社長の一番の関心事といったら何か。「貯金できるずっと使えるお金がないか」ということですよね。そこで寄付のお願い。

―― 私はこれこそ国際標準のやり方で、日本のほかの研究所も真似したらいいと思いますよ。ただ、日本の税制は米国とは違うので、すぐに米国と同じように寄付が増えることはないと思いますが、こうした努力は日本の学界にとどまらず、日本社会全体を変えるパワーを秘めていると思います。

村山 高橋さんも一口どうですか。ちゃんと名前を張り出しますよ。

——村山さんにならって、この本の印税を寄付することにしますよ。そうすれば、お互いの取り分をどうするかでケンカしなくてすみますから、出版社もホッとするでしょう。近江商人の「売り手良し、買い手良し、世間良し」じゃありませんけど、三方丸くおさまりますね。読者の皆さんに「良し」（今なら「いいね!」?）と思っていただけるといいんですけど。

あとがき

村山　斉

朝日新聞の高橋真理子編集委員との対談は楽しくてあっという間に過ぎてしまった。実は彼女は私の大先輩、東大物理学科の卒業で、学生時代はノーベル物理学賞の小柴先生に可愛がってもらったのだと言う。専門的な知識を持ちながら、「一般の人に少しでも伝わるように」と、あえて知らないふりをして質問を沢山して下さる様子は、まさに科学ジャーナリズムの神髄だろう。

宇宙はどうやって始まったのか、終わりはあるのか、何でできているのか、どういうカラクリなのか、そしてどうして我々が存在するのか。こんな大きな問題を掲げてカブリ数物連携宇宙研究機構を発足して5年あまり。何せここ十数年は私達の宇宙の理解がどんどん返しの革命を起こしている。分野の魅力に惹かれて、世界18ヵ国から研究者が日本に集まって来た。興味と興奮は世界共通だ。

学校で「万物は原子で出来ている」と習った原子は，実は宇宙全体の5％に満たない。残りはまだ正体不明の暗黒物質と暗黒エネルギー。暗黒物質が星や銀河を作り、私達を生み出した。一方暗黒エネルギーは宇宙の膨張を加速させ、宇宙に終わりをもたらすかも知れない。更に宇宙空間はヒッグス粒子がびっしりと凍り付き詰まっていて、これがないと私達の体は10億分の1秒でバラバラになってしまう。しかも宇宙に一番多い物質は、地球全体をスルスルと簡単に通り抜けるオバケのような素粒子ニュートリノ。こんな宇宙の姿を誰が想像しただろうか。

一つ分かると新たな謎が生まれる。この対談でも話題になった相対論と量子力学は20世紀初頭の革命的な発見で、科学だけではなく哲学や文学にも大きな影響を与えた。しかも現代のエレクトロニクスやカーナビはこうした発見がなくしては実現しなかった。面白いことに、この革命前夜では「物理学は終わった」という考えが蔓延していたのだ。20世紀の終わりを迎えて、物理学は終わったどころか、新しい難題が噴出。21世紀はむしろ「これからが面白い」時代に入った。

高橋さんは最近のとてもホットな話題について聞いて下さった。ヒッグス粒子、光速を超えた(?)ニュートリノ、LHCやリニアコライダーなどの巨大素粒子加速器、ハイゼンベルクの不確定性原理を超えた小澤理論、暗黒物質、暗黒エネルギー。どの分野でも日本人がとても活躍している。

しかし専門的な話を一般の人に伝えるのはとても難しい。これに賭ける高橋さんの情熱はすばらしい。iPS細胞、スパコン「京」、太陽系外の惑星の撮像、相次ぐ科学分野のノーベル賞など、日本発の科学は華々しい。しかし、ジャーナリズムの力なくしては、これらも一般の人に伝わらない。

実は自国の研究でノーベル賞が出ているアジアの国は日本だけだ。20年住んだアメリカでも、基礎科学の分野では最近日本をうらやむ声が聞こえる。日本人はもっと誇りを持っていい。

最後に、楽しくそして突っ込んだ対談をして下さった高橋さん、締め切りを過ぎてからの細かい注文に対応して下さった編集の中島美奈さん、無茶なスケジュールの中でうまく対談をアレンジして下さった秘書の榎本裕子さん、アメリカで待ってくれている家族、そしていつも新しい発見でワクワクさせてくれるカブリ数物連携宇宙研究機構の仲間たちに感謝します。

2013年3月

村山　斉 むらやま・ひとし
1964年生まれ。86年、東京大学卒業、91年、同大学大学院博士課程修了。専門は素粒子物理学。2000年よりカリフォルニア大学バークレー校教授。07年、文部科学省が世界トップレベルの研究拠点として発足させた東京大学国際高等研究所カブリ数物連携宇宙研究機構(IPMU)機構長。主な研究テーマは超対称性理論、ニュートリノ、初期宇宙、加速器実験の現象論など。著書に『宇宙は何でできているのか』『宇宙になぜ我々が存在するのか』など。

高橋真理子 たかはし・まりこ
1979年、東京大学理学部物理学科卒業、朝日新聞入社。論説委員や科学エディターを務め、2011年より編集委員。著書に『最新 子宮頸がん予防』、共著書に『独創技術たちの苦闘』『生かされなかった教訓』など。訳書に『量子力学の基本原理』。

朝日新書
400

村山《むらやま》さん、宇宙《うちゅう》はどこまでわかったんですか?
ビッグバンからヒッグス粒子へ

2013年4月30日第1刷発行

著者　村山　斉
聞き手・朝日新聞編集委員 高橋真理子

発行者　市川裕一
カバーデザイン　アンスガー・フォルマー　田嶋佳子
印刷所　凸版印刷株式会社
発行所　朝日新聞出版
〒104-8011　東京都中央区築地5-3-2
電話　03-5541-8832(編集)
　　　03-5540-7793(販売)

Published in Japan by Asahi Shimbun Publications Inc.
ISBN 978-4-02-273500-3
定価はカバーに表示してあります。

落丁・乱丁の場合は弊社業務部(電話03-5540-7800)へご連絡ください。
送料弊社負担にてお取り替えいたします。